気象予報士と学ぼう！

天気のきほんがわかる本 5

日本列島 季節の天気

【文】遠藤喜代子　【監修】武田康男・菊池真以

気象予報士と学ぼう！
天気のきほんがわかる本5

日本列島 季節の天気

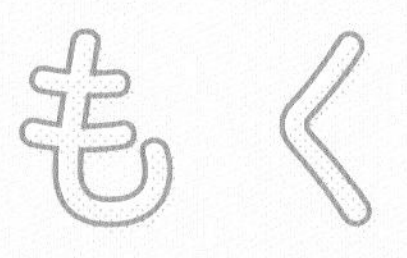
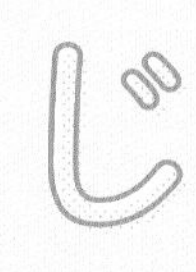

私たちといっしょに、
楽しく学んでいこうね！

武田康男
（気象予報士、空の写真家）

菊池真以
（気象予報士、気象キャスター）

表紙の写真／夏の空とヒマワリの花（上左）、ソメイヨシノ（上右）、カエデ（下左）、草の葉についた霜（下右）
裏表紙の写真／ウメの花にきたメジロ　扉の写真／（上左から）花粉光環、環水平アーク、問答雲、(中左から)にゅうどう雲、うろこ雲の夕焼け、偏西風に流される雲、(下左から)幻日、彩雲、断片雲

季節（きせつ）によってかわる空のようす

かすんで白っぽくなった空。

うろこ雲（ぐも）やひつじ雲（ぐも）がうかぶ空。

大きなにゅうどう雲があらわれた空。

雪雲におおわれた日本海側の空。

春夏秋冬、日本には美しい四季があります。季節ごとにさく花やおいしい食べ物があり、私たちのよそおいや生活習慣もかわります。人びとは、むかしから四季のうつりかわりを感じながらくらしてきました。

そして、毎日空を見あげていると、空の色や雲の形が季節によってちがうことに気がつきます。春は空がかすんで白っぽくなることが多くなり、夏には大きなにゅうどう雲があらわれ、秋になると、空の高いところに小さなうろこ雲やひつじ雲が見られるようになります。冬は日本海側が雪雲におおわれるいっぽうで、太平洋側は晴れて真っ青な空がひろがる日がふえます。空のようすからも、季節の変化をびんかんに感じとることができるのです。

この本では、春夏秋冬の４つの季節と梅雨の天気を解説しています。それぞれの季節には、代表的な天気があり、注意をしなければいけない天気があります。たとえば、強い風がふきやすいときや、強い雨がふりやすいときはいつなのか、季節ごとの天気の特徴をよく知ることで、私たちは安全にすごすことができます。また、季節ごとの空の楽しみかたものせました。よく見る空から、めずらしい空まで、空の魅力を紹介しています。

ぜひ、季節によってかわる空のようすを楽しんでください。

（菊池真以）

▲青く、すんだ秋の空を見あげる菊池真以さん。

日本の季節をつくる風と気団

地球を循環する風

地球は、大気という空気の層にとりかこまれています。大気は、大規模な風になってつねに地球のまわりをめぐっています。地球を循環する風には、大きく分けて極偏東風、偏西風、貿易風の3つがあり、このうち日本列島の上空をふいている風は、偏西風です。日本列島の天気が西から東へかわるのは、偏西風が西から東へふいているためです。

夏の季節風と冬の季節風

風は、地球全体の大気の循環だけでなく、大陸と海洋のあいだでもおこります。この風は、季節によってふく方向がかわり、季節風といいます。大陸と太平洋にはさまれている日本列島は、この季節風の影響をうけます。

夏には、太平洋からあたたかくてしめった風がふき、日本に暑さをもたらします。これが夏の季節風です。いっぽう冬は、大陸からつめたくてかわいた風がふき、日本海側に大雪をふらせます。これが冬の季節風です。

●地球をめぐる風の流れ

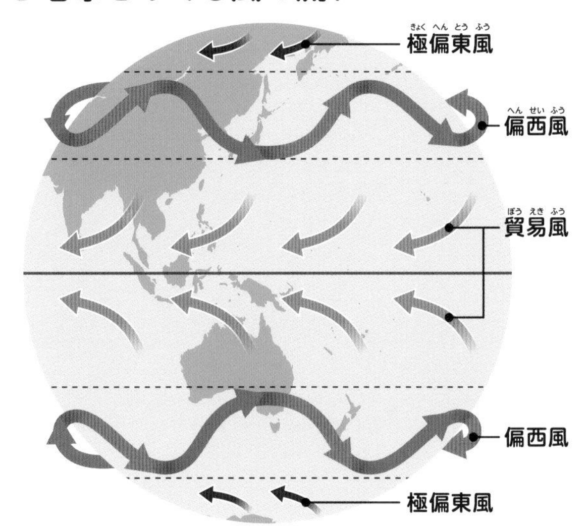

日本の四季をつくる気団

日本列島は、夏は暑く、冬は寒いというように四季の変化に富んでいます。これには気団が関係しています。気団とは、大陸や海の上など地形の変化のない広い場所にできる、ほぼ同じ温度や湿度をもった大気のかたまりです。日本列島のまわりには、シベリア気団、オホーツク海気団、揚子江気団、小笠原気団の4つの気団と赤道気団があります。これらの気団が季節によって勢力を強めたりおとろえたりすることで、四季をもたらします。

●夏の季節風

▲夏は、大陸が強い日差しであたためられて低気圧になり、気圧の高い太平洋から大陸にむかって南よりの風がふく。

●冬の季節風

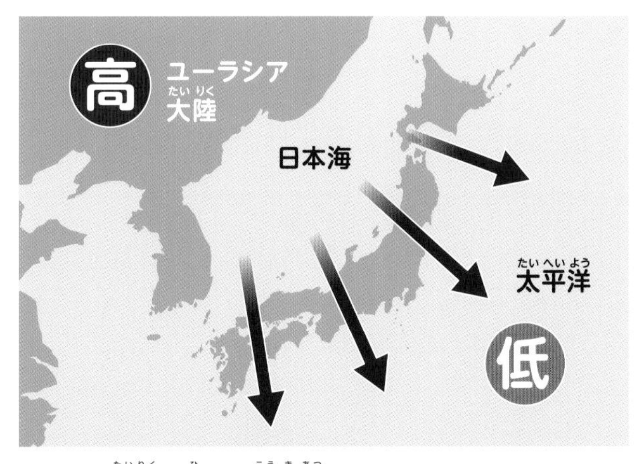

▲冬は、大陸が冷えて高気圧になり、大陸から気圧のひくい太平洋にむかって北西風がふく。

Information 地球の公転と日本の季節

地球は1日にほぼ1回転（自転）しながら、太陽のまわりを1年かけて1周（公転）している。ただし、北極と南極をむすぶ線（地軸）が、公転する面に垂直な線に対して約23.4度かたむいているため、北半球に太陽の光が多くあたるときと、南半球に多くあたるときがある。北半球にある日本では、北極側が太陽の方向にかたむいているときは夏になり、北極側が太陽の反対側にかたむいているときは冬になる。

●地球の公転（この図では、地軸を棒の形であらわす。）

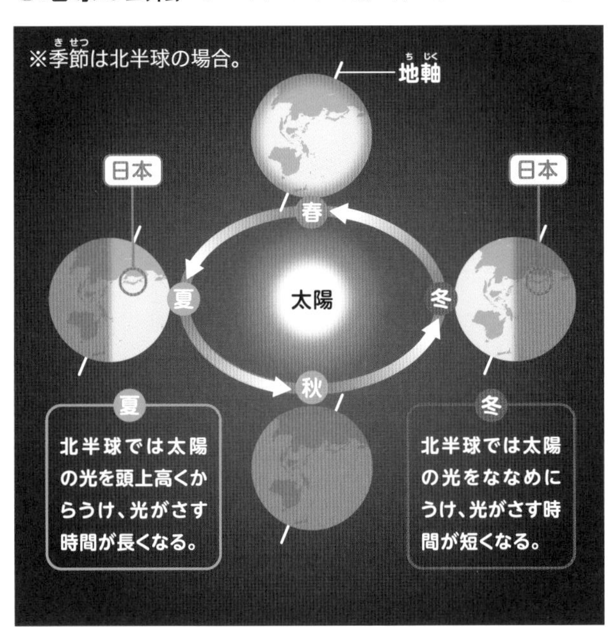

※季節は北半球の場合。
地軸
日本
日本
春
夏
太陽
冬
秋
夏
北半球では太陽の光を頭上高くからうけ、光がさす時間が長くなる。
冬
北半球では太陽の光をななめにうけ、光がさす時間が短くなる。

●季節による太陽の高さの変化

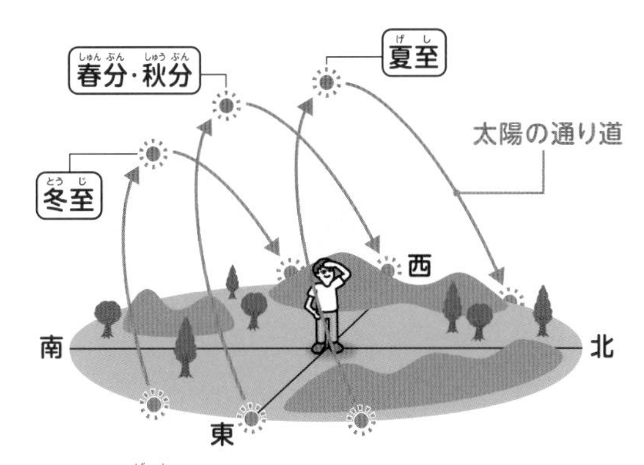

▲太陽は、夏至（6月21日ごろ）にもっとも高くのぼり、冬至（12月22日ごろ）にもっともひくくなる。

●日本のまわりの5つの気団

◀気団のある場所では、その気団と同じ性質をもった高気圧が発生する。その高気圧が日本列島の近くまではりだして、日本の気候に影響をあたえる。ただし、揚子江気団のなかで発生する移動性高気圧は、偏西風にのって西からやってきて、日本の気候に影響をおよぼす。

季節によって、日本の気候に影響をあたえる気団がちがうんだよ。

1章 春の天気

白くかすんだ春の空。早春にはアブラナがさきはじめる。

春の代表的な天気

「春に三日の晴れなし」ということばがあるように、春は、晴れた日のつぎの日はくもり空になるなど、晴れの天気が長くつづかないのが特徴です。

春が近づくと、日本列島に寒さをもたらしていたシベリア気団（シベリア高気圧➡7ページ）の勢力が弱まり、あたたかくてかわいた揚子江気団の勢力が強まります。そして、揚子江気団の中で発生した高気圧が、偏西風にのってやってきます。これを「移動性高気圧」といいます。高気圧の付近は風がふきおりているため雲ができにくく、晴れてあたたかくなります。

しかし、移動性高気圧は動きが速く、日本列島の上空に長くとどまることはありません。高気圧が通りすぎると、こんどは低気圧がやってきます。低気圧の付近では風がふきあがるので雲ができやすく、雨がふりやすくなります。雨のあとは一時的に寒さがもどります。このように春は、高気圧と低気圧がかわるがわるやってくるので、天気が短い周期でかわるのです。

こうしてあたたかくなったり寒くなったりしながらもだんだんと気温があがり、5月ごろになると、晴れておだやかな天気がつづくようになります。

春の天気は、西から高気圧と低気圧が交互にやってきて、めまぐるしくかわります。

●晴れた日

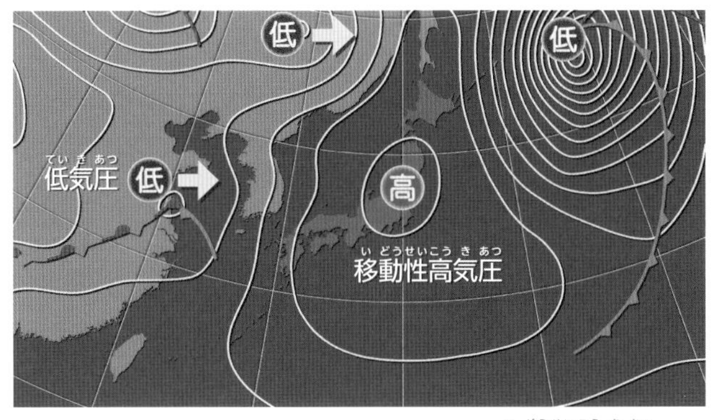

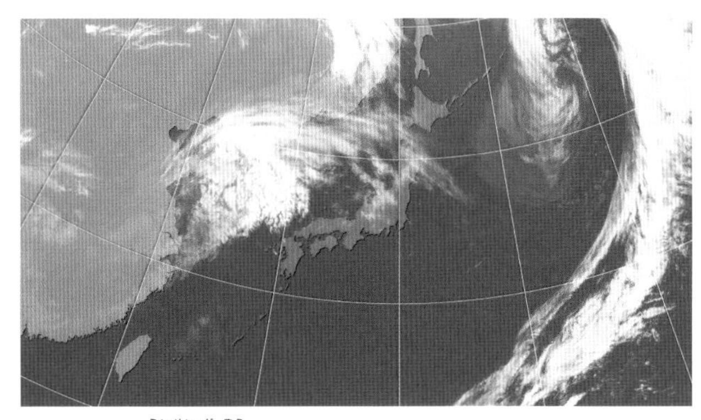

▲**2021年3月27日の天気図**　日本列島は移動性高気圧におおわれ、晴れたところが多かった。早くも西からはつぎの低気圧が近づいてきている。

▲**同じ日の衛星画像**　日本列島の上空に雲はほとんどなく晴れているが、西に低気圧にともなう雲が見られる。

●1日後

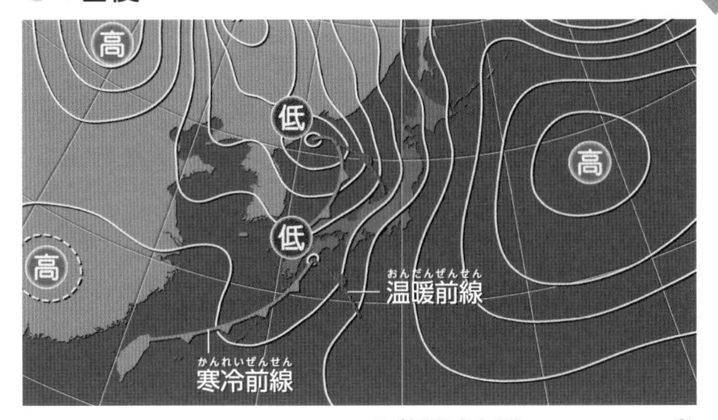

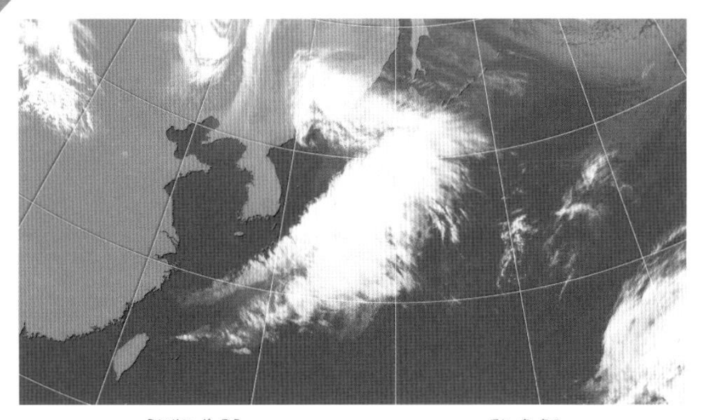

▲**2021年3月28日の天気図**　移動性高気圧が東へ去り、前線をともなう2つの低気圧が通過。全国的に雨や風が強まった。このように春の天気のうつりかわりは早い。

▲**同じ日の衛星画像**　日本列島の上空に、低気圧にともなう真っ白な発達した雲がひろがっている。

（提供：ウェザーマップ）

天気のことば

春の天気のことば

- 東風（こち）…………春のはじめに東からふいてくる風。
- 花の雨………サクラの花がさくころにふる雨。また、サクラの花にふりそそぐ雨のこと。
- 花冷え………サクラの花がさくころに、寒さがもどって冷えこむこと。
- 花ぐもり …サクラの花がさくころの、うすぐもりのはっきりしない天気のこと。
- 春風（はるかぜ）…………春にふく、あたたかくておだやかな風。
- 五月晴れ（さつきばれ） …もともとは旧暦5月（現在の6月ごろ）の梅雨の晴れ間を指すことばだったが、現在では5月の晴天のことをいうことが多い。
- 春雨（はるさめ）…………春にしとしとと長くふる雨。
- 緑雨（りょくう）…………若葉の緑があざやかになるころにふる雨。
- 春雷（しゅんらい）…………春におこるかみなり。

▲花ぐもり。

春はこんな天気に気をつけよう

春一番

2月の立春から3月の春分のあいだに、その年はじめてふく、あたたかくて強い南風を「春一番」といいます。右の天気図のように、前線をともなった低気圧が日本海を東へすすんでいるとき、この低気圧にむかって南から強い風がふきこみます。これが春一番です。

春一番がふくと、気温が上昇してぽかぽかとあたたかくなるので「春をつげる風」ともいわれます。しかし、強風で物が飛んだり車が横転したりして大きな事故につながることがあります。1859年2月13日に長崎県の五島列島沖で漁をしていた漁船が、強い風にあおられて転覆するという事故がおこりました。このことをきっかけに、春のはじめにふく強い南風を春一番とよんで警戒するようになったといわれます。

寒のもどり

あたたかい日がつづいたあと、一時的に冬のような寒さにもどることがあります。これを「寒のもどり」といいます。春一番をもたらした低気圧が日本列島を通過すると、ふたたびシベリア高気圧がはりだして、西高東低の冬型の気圧配置（➡36ページ）になり、寒くなります。この時期は気温の差が大きく、体調をくずしやすいので注意が必要です。

冬型の気圧配置になると、
北からつめたい風が
ふいてきて、
冬の寒さに逆もどり
することが多いんだよ。

▲春一番がふいた日の町のようす（2009年2月13日）。
（提供：朝日新聞社／Cynet Photo）

春一番がふいた日の天気図

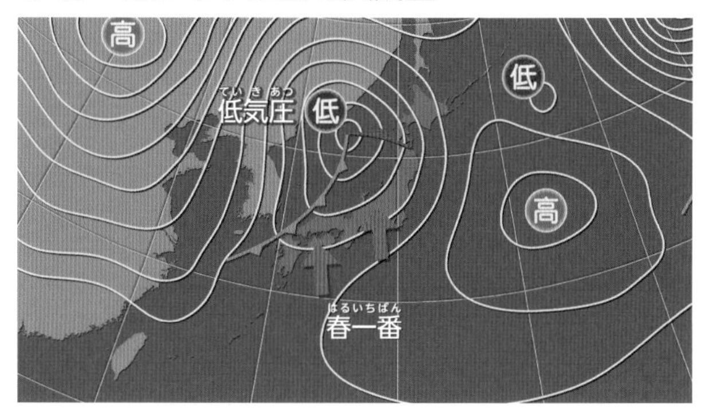

▲**2013年3月1日の天気図**　この日、九州北部、四国、中国、関東地方で春一番がふき、関東地方から西では4月中旬なみのあたたかさになったところが多かった。

春一番の翌日の天気図

▲**2013年3月2日の天気図**　低気圧からのびる寒冷前線が日本列島を通過し、西に高気圧、東に低気圧という西高東低の冬型の気圧配置になった。　（提供：ウェザーマップ）

東京都心の最高気温（2013年）

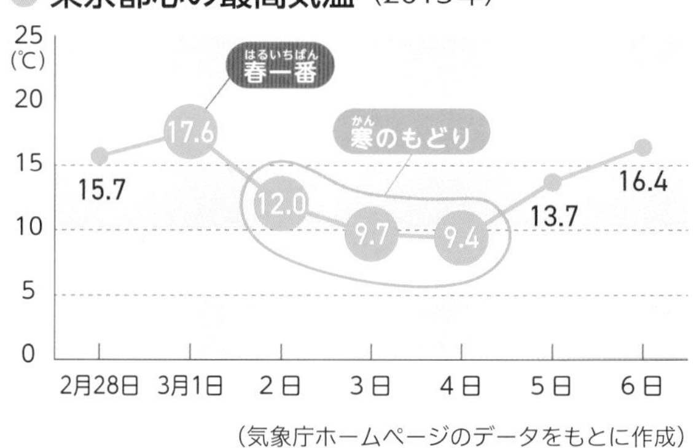

（気象庁ホームページのデータをもとに作成）

▲**春のかみなり（春雷）** 雷雨とともにひょう（直径5mm以上の氷のかたまり）が落ちてくることもある。

雷三日

かみなりは、空気中を瞬間的に電気が流れる現象で、積乱雲によってひきおこされます。春のかみなりは、大陸からやってくるつめたい空気のかたまり（寒気）が上空に流れこみ、大気が不安定となって積乱雲が発生しておこります。寒気は、日本列島を通過するのに3日ほどかかることが多く、そのあいだ、かみなりが3日ほどつづくので「雷三日」といいます。天気予報で「大気の状態が非常に不安定です」「天気の急変に注意してください」などのことばが出たときは要注意です。

▲**霜防止のためのファン** 茶畑では新芽を霜から守るため、背の高い扇風機のようなもので空気をかきまぜ、地表付近の温度をさげないなどの対策をしている。（提供：Cynet Photo）

遅霜

霜は、地表が0℃以下になったとき、空気中にふくまれる水蒸気がこおって草木の枝や葉などにくっついたものです。冬の寒さがきびしい時期に見られますが、春に季節はずれの霜がおりることがあります。これを遅霜といいます。

4～5月はお茶の木の新芽が出るころにあたり、遅霜がおりると、新芽がこおってかれるなどの被害が出ることがあります。

Information **春は4つのKに注意！**

2月になると、スギの花粉が飛びはじめる。また、3月から5月などに、中国やモンゴルの乾燥地帯から黄砂が飛んでくる。黄砂は、強風で数千mの上空までふきあげられた黄土色の砂やちりが、偏西風にのって日本まではこばれてくる現象だ。黄砂は、せんたく物や車をよごしたり、ときには、呼吸困難などの健康被害をひきおこしたりすることもある。春は、強風、気温差、花粉、黄砂の4つのKに注意が必要だ。

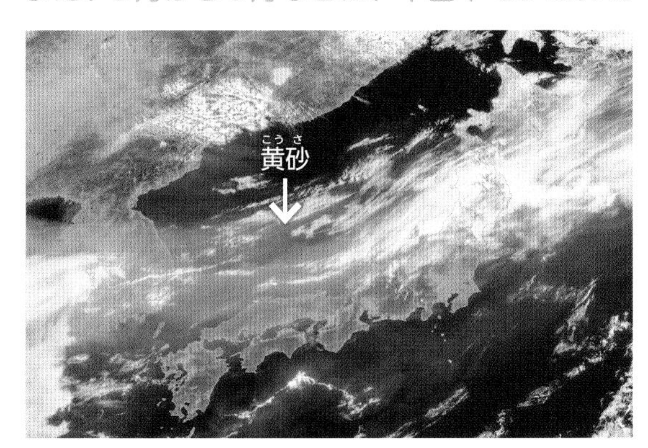

◀**2018年3月29日の衛星画像** 日本海上に長くのびる茶色くもやもやしたものが黄砂。この日、札幌など北日本で黄砂が観測された。（提供：ウェザーマップ）

春の空を楽しもう

春の空は晴れていても、うっすらとかすみがかっていることが多いのが特徴です。周期的に雨がふり、空のようすも日ごとにかわります。うす雲がひろがるときは、日がさやアークなどの光の現象にであえるチャンスです。花粉光環があらわれやすい季節でもあります。

花粉光環　スギ花粉が大量に空を飛んでいると、光環（➡2巻19ページ）があらわれることがある。花粉が雲をつくる水滴と同じ役目をするためで、これを花粉光環という。

環水平アーク　太陽の下のほうに虹色の帯がのびる現象。太陽が高いところにある昼ごろ、巻層雲（うす雲）や巻雲（すじ雲）がひろがっているときにあらわれる。

環天頂アーク　空の高いところに、虹をさかさまにしたような形の帯があらわれる現象。太陽がひくいところにある朝や夕方、巻層雲（うす雲）や巻雲（すじ雲）にあらわれる。

春がすみ　空がかすんで白く見える現象。気温があがって空気中に水蒸気がふえたり、花粉が大量に飛んだりしていると、かすみが発生しやすい。

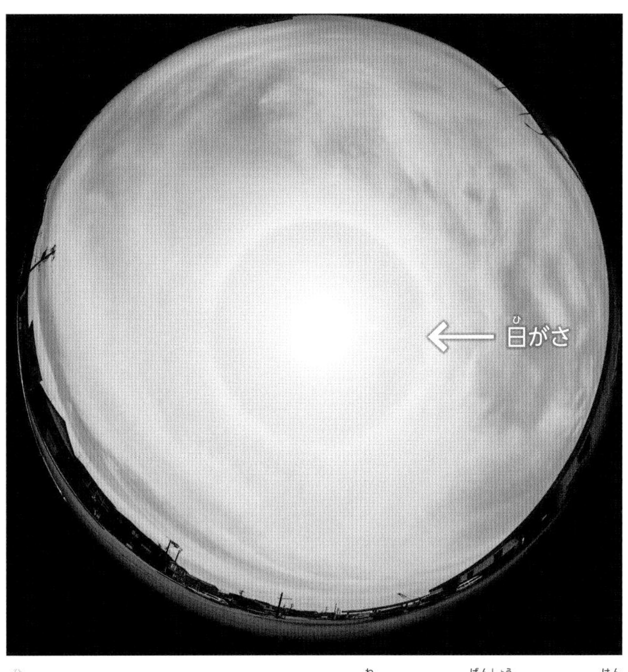

日がさ　太陽のまわりに大きな光の輪ができる現象で、空に巻層雲（うす雲）や巻雲（すじ雲）がひろがっているときにあらわれやすい。月にできるものを「月がさ」という。

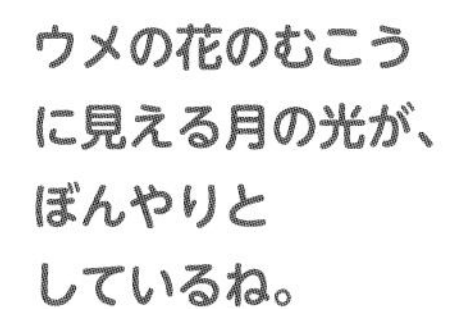

ウメの花のむこうに見える月の光が、ぼんやりとしているね。

おぼろ月　輪郭がぼやけて見える月のこと。高層雲（おぼろ雲）や巻層雲（うす雲）が空にひろがったときに見られる。

春のたよりを見つけよう

春は雪どけの季節です。雪どけの山はだに残雪がつくりだすもようを「雪形」とか「雪絵」といいます。毎年だいたい同じ場所に同じもようがあらわれるため、むかしの人びとは雪形にウマやニワトリ、ウサギ、ネコ、種をまくおじさんなどの名前をつけて、農作業を始めるめやすとしていました。

春のおとずれを知らせてくれるものには、ほかにもいろいろあります。住んでいる地域の春のたよりをしらべてみましょう。

僧ヶ岳の雪形　僧ヶ岳は、立山連峰の北端にある標高1855mの山で、4月ごろから頂上付近の山はだに雪形があらわれる。雪形は、僧、大入道、ネコなどといわれている。富山県魚津市では、僧ヶ岳に雪形があらわれると田植えを始めたといわれる。

しんきろう　光の屈折（光がおれまがってすすむこと）で、遠くの景色がうきあがったり、のびたりちぢんだりして見える現象。写真は、しんきろうの名所として知られる富山湾にあらわれたしんきろうで、水平線が二重になり、さかさになった船も見える。

わたり鳥　秋の終わりごろにシベリアなどから日本にやってきたカモやガン、ハクチョウなどの冬鳥は、春になると、群れで北へ帰っていく。

Let's Try! サクラの開花日をしらべよう

春になって気温があがると、サクラの花がつぎつぎと開花する。気象庁では、全国の気象台が定めたサクラの木（標本木）を観測して、5～6輪以上の花がさいたら「サクラの開花日」として発表している。ソメイヨシノを標本木としているが、ソメイヨシノが育たない沖縄や奄美地方ではヒカンザクラ、北海道の一部の地域ではエゾヤマザクラを標本木としている。

また、地図上で開花日が同じ場所をむすんだ線を「サクラ前線」という。サクラの開花は1月中ごろに沖縄、奄美地方で始まり、九州、中国、四国、近畿、東海、関東、北陸、東北地方を通って、5月の中ごろに北海道に達する。住んでいる地域の開花日をしらべてみよう。

● **サクラ前線**（1991～2020年の平年値）

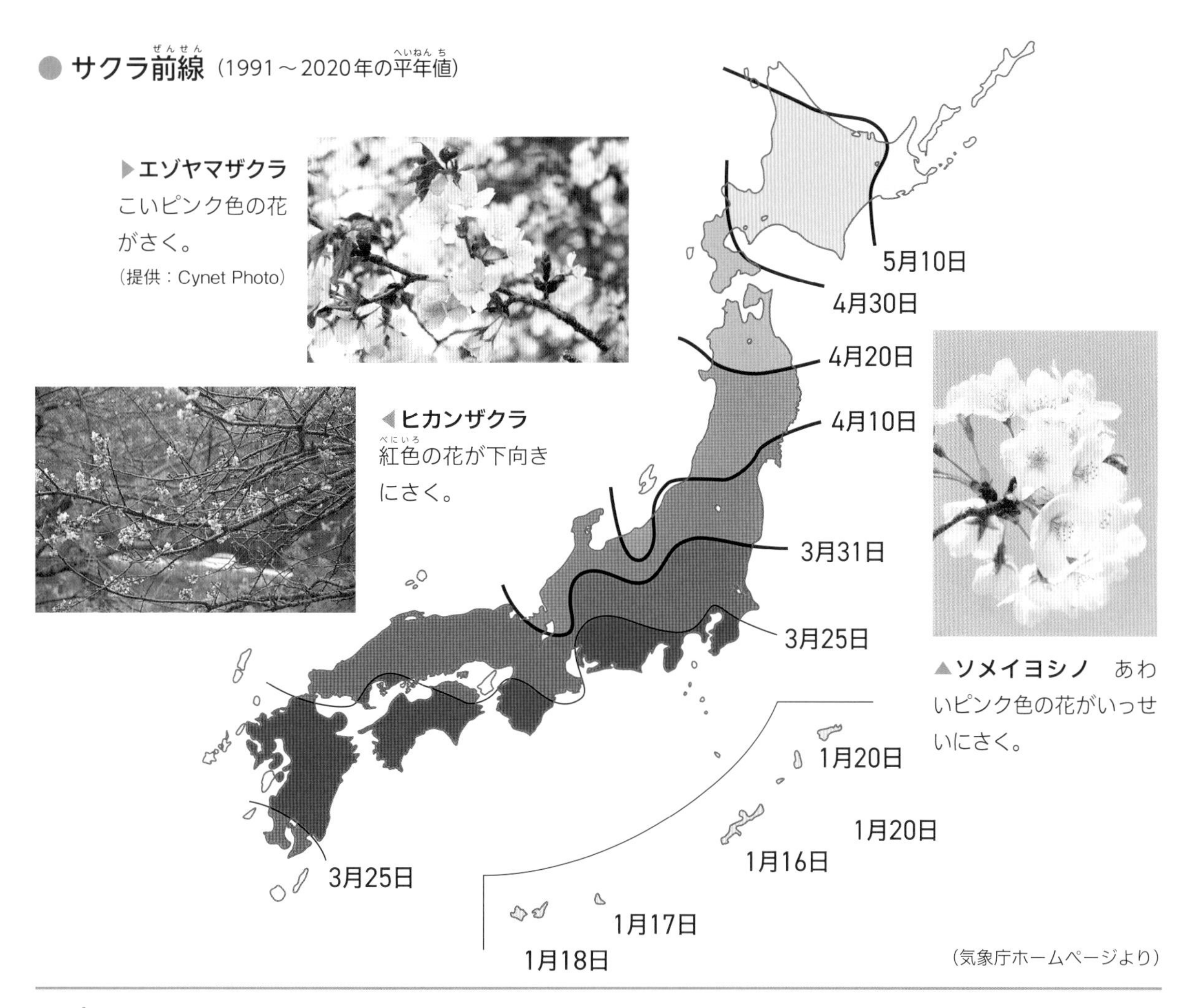

▶**エゾヤマザクラ** こいピンク色の花がさく。（提供：Cynet Photo）

◀**ヒカンザクラ** 紅色の花が下向きにさく。

▲**ソメイヨシノ** あわいピンク色の花がいっせいにさく。

（気象庁ホームページより）

Let's Try! 身近な春をさがしてみよう

春になってあたたかくなると、野山ではツクシやフキノトウが顔を出し、アブラナやタンポポ、スミレ、ゲンゲなどが花をさかせる。きびしい冬をのりこえた生きものたちも活発に動きはじめる。メジロやスズメは花のみつをもとめて飛びまわり、ツバメが子育てのために南からわたってくる。住んでいる地域では、春にはどんな植物や生きものが見られるだろう。さがしてみよう。

▲ウメの花にきたメジロ。

2章 梅雨の天気

梅雨空と梅雨のころに花がさくアジサイ。

梅雨の代表的な天気

梅雨は春から夏へのうつりかわりの時期で、１か月以上ぐずついた天気がつづきます。6月ごろになると日本列島の上空で、北のつめたいオホーツク海気団（オホーツク海高気圧➡7ページ）と、南のあたたかい小笠原気団（太平洋高気圧）がぶつかりあい、停滞前線（➡1巻27ページ）が発生します。この停滞前線を「梅雨前線」といい、長雨をもたらします。

日本列島でいちばん早く梅雨に入るのは、もっとも南にある沖縄地方で、例年だと5月の前半に梅雨入りします。梅雨前線は、右ページの天気図のように、日本列島を北上し、6月中旬には東北地方北部が梅雨入りします。そして、北海道に達するころには勢力がおとろえ消えてしまいます。そのため、北海道では梅雨入りの発表がありません。しかし、梅雨前線が消えずに雨をふらせる年もあります。それは「蝦夷梅雨」とよばれます。

●日本列島の梅雨入り・梅雨明けカレンダー

	梅雨入り	梅雨明け
沖縄	5月10日	6月21日
奄美	5月12日	6月29日
九州南部	5月30日	7月15日
九州北部	6月4日	7月19日
四国	6月5日	7月17日
中国	6月6日	7月19日
近畿	6月6日	7月19日
東海	6月6日	7月19日
関東・甲信越	6月7日	7月19日
北陸	6月11日	7月23日
東北南部	6月12日	7月24日
東北北部	6月15日	7月28日

▲気象庁が発表した、各地の梅雨入り・梅雨明けの時期の1991～2020年の平年値。（気象庁ホームページより）

梅雨のはじまり

▲2019年5月16日の天気図　大陸から梅雨前線がのび、沖縄や奄美群島で雨がふった。この日、沖縄が梅雨入りした。

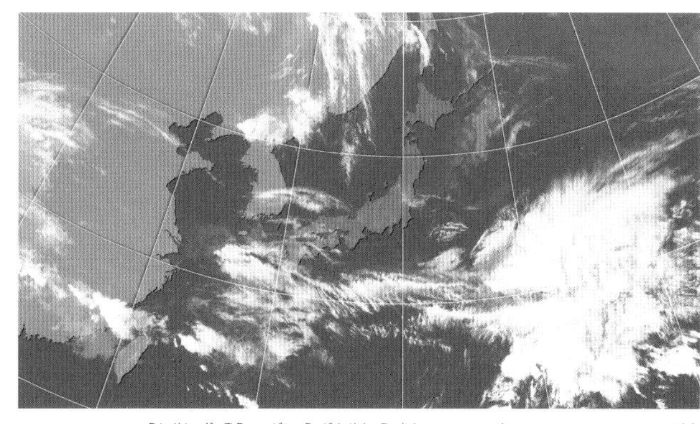

▲同じ日の衛星画像　梅雨前線付近にある厚くて白い雲は積乱雲で、はげしい雨をふらせる。

梅雨の最盛期

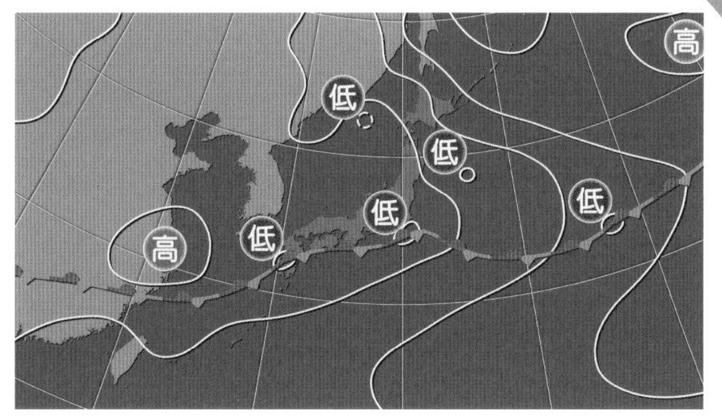

▲2019年7月14日の天気図　梅雨前線が本州南岸に停滞。前線の上を低気圧がつぎつぎと東へすすみ、各地で雨になった。

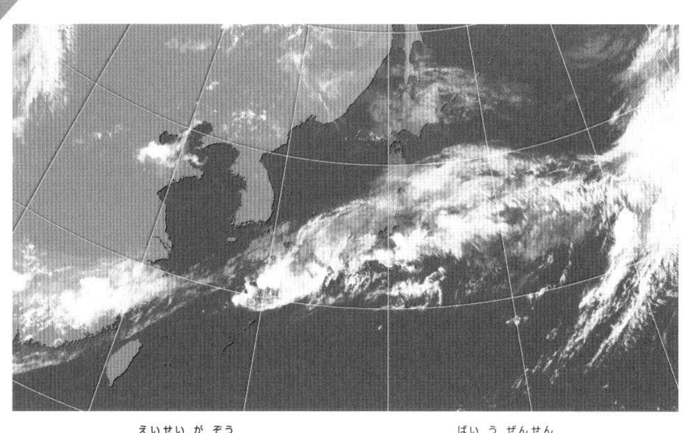

▲同じ日の衛星画像　日本列島の上空に梅雨前線にともなう雲がつらなっている。梅雨明けしている沖縄上空は雲がない。

（提供：ウェザーマップ）

天気のことば　梅雨がつく天気のことば

菜種梅雨 ……… 菜種とはアブラナ（菜の花）の種のことで、アブラナがさく3月から4月はじめにふる長雨。

たけのこ梅雨 … タケノコが生える5月前半にふる長雨。

さざんか梅雨 … サザンカの花がさく11月下旬から12月上旬にふる長雨。

すすき梅雨 …… ススキの穂が出る8月下旬から10月上旬にふる長雨で、「秋雨」「秋霖」ともよばれる。

走り梅雨 ……… 梅雨入りする前に、梅雨のように天気がぐずつくこと。梅雨の走りともいう。

▲梅雨の走りをつげる雲。

送り梅雨 ……… 梅雨明けのころにふる大雨。

梅雨の中休み … 梅雨の時期に数日間、雨がふらず晴れの天気がつづくこと。

空梅雨 …………… 梅雨に雨がほとんどふらず、夏を思わせるような晴れの天気がつづくこと。

長梅雨 …………… 夏になっても梅雨前線が停滞し、梅雨が明けないこと。

梅雨はこんな天気に気をつけよう

梅雨寒

オホーツク海高気圧の勢力が強いと、北東からつめたくてしめった風がふきこみ、東北地方や関東地方の太平洋側で気温のひくい日がつづくようになります。これを「梅雨寒」といいます。この北東風は「やませ」ともよばれ、梅雨明け後もやませがふくと冷夏（気温がひくい夏）になることがあります。

●梅雨寒の天気図

▲**2021年7月1日の天気図**　オホーツク海高気圧の勢力が強く、関東はつめたい雨がふった。（提供：ウェザーマップ）

●梅雨寒の東京都心の気温（2021年7月1日）

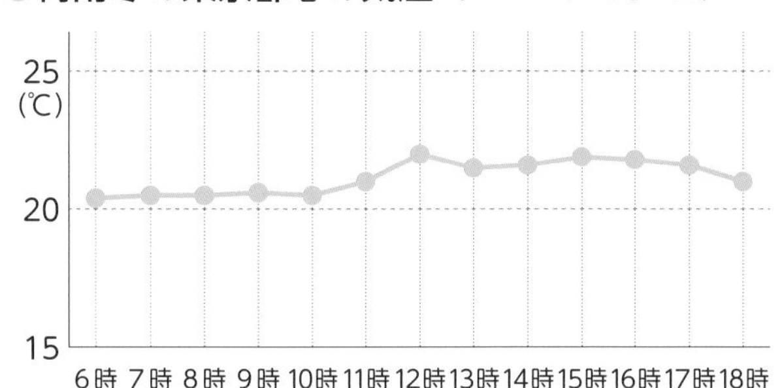

▲朝から気温がほとんどあがらず、はだ寒い1日となった。

（気象庁ホームページのデータをもとに作成）

梅雨末期の大雨

梅雨の終わりごろ、大雨がふって大きな災害をもたらすことがあります。南の海上から梅雨前線にむかってあたたかくてしめった空気が流れこみ、雨をふらせる積乱雲がつぎつぎと発生するためです。

2021年7月のはじめには、梅雨前線がゆっくりと北上し、神奈川県や静岡県を中心に大雨がふりました。この大雨により、静岡県熱海市では、大規模な土石流（山の斜面や谷にたまった土砂や石などがいっきに流れくだること）が発生しました。

●梅雨末期の大雨の天気図

▲**2021年7月3日の天気図**　大陸から関東の南に梅雨前線がのびている。前線が「く」の字にまがったところを「キンク」といい、大雨をふらせるような雨雲が発生しやすい。

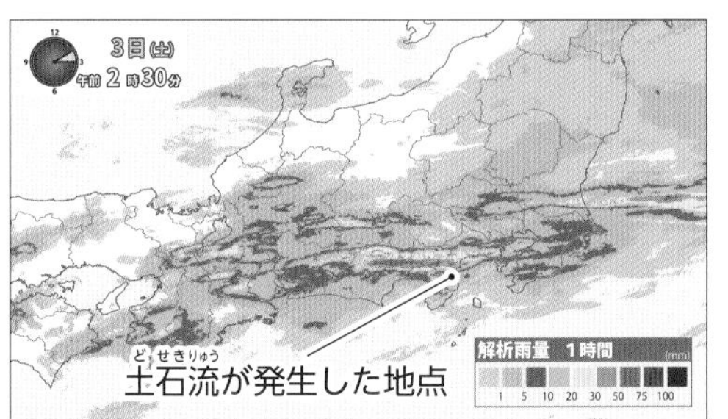

◀**同じ日の解析雨量**　雨の強い場所が線状につらなり、長い時間、はげしい雨がふった。（提供：ウェザーマップ）

◀**土石流が発生した熱海市伊豆山地区**　土石流は約1㎞にわたって流れ、多くの住宅がまきこまれた。（提供：朝日新聞社／Cynet Photo）

梅雨の空を楽しもう

梅雨は、大雨に注意が必要なときですが、いっぽうで、しめった空気でできた、さまざまな種類の雲を楽しむことができる時期でもあります。また、山の近くでは、つるし雲など、ふしぎな形をした雲が発生することが多くなります。

問答雲　ことなる高さの雲が、それぞれ別の方向に動いている雲を「問答雲」という。この写真では、積雲（わた雲）だけがちがう方向に動いていた。

梅雨の晴れ間　旧暦では現在の6月ごろのことを五月といい、かつては梅雨のあいだの晴れ間のことを五月晴れとよんでいた。

梅雨の積雲（わた雲）
しめった風とともに、積雲が流れていくことが多い。

富士山の横にできたつるし雲
つるし雲は、高い山から少しはなれたところにできる雲で、山をこえた風が山の側面をまわりこむようにふく風と合流して発生する。つるし雲にはいろいろな形がある。

3章 夏の天気

夏の空とヒマワリの花。

夏の代表的な天気

7月の終わりごろになると、南の海上にある小笠原気団（太平洋高気圧➡7ページ）の勢力が強まり、梅雨前線を北におしあげて梅雨が明けます。

梅雨が明けると本格的な夏がやってきます。梅雨明け直後は太平洋高気圧におおわれて、晴れの天気が10日ほどつづくことが多いです。これを「梅雨明け十日」といいます。

夏は、右ページの天気図のように、南に高気圧、北に低気圧がある「南高北低」の気圧配置が特徴です。南高北低になると、南からあたたかくてしめった季節風がふいてむし暑くなります。各地で夏日や真夏日、猛暑日がつづくようになり、夜も湿気の多い暑さがつづいて熱帯夜になるところが多くなります。

●暑い日の名前

夏日	最高気温が25℃以上の日。
真夏日	最高気温が30℃以上の日。
猛暑日	最高気温が35℃以上の日。
熱帯夜	最低気温が25℃以上の夜。

●真夏日・猛暑日の年間日数（1991～2020年の平年値）

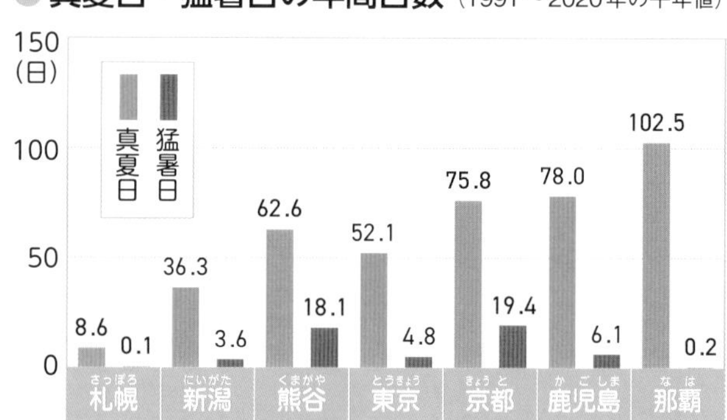

▲海にかこまれている沖縄県は、つねに海から風がふいているため、猛暑日になることはほとんどない。

（気象庁ホームページのデータをもとに作成）

梅雨明け

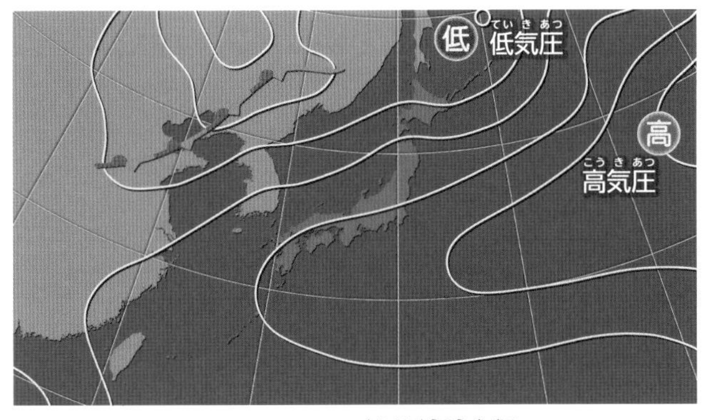

▲**2019年7月30日の天気図** 太平洋高気圧におおわれ、晴れたところが多かった。この翌日、東北北部が梅雨明けした。

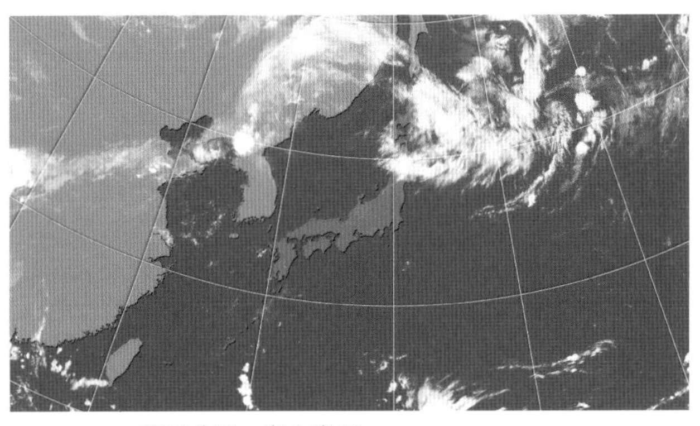

▲**同じ日の衛星画像** 梅雨前線にともなう雲が北上し、西日本から東北南部にかけて雲がない。

夏のさかり

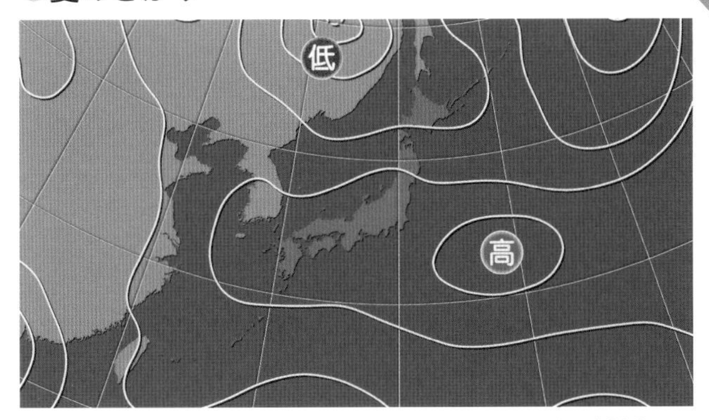

▲**2019年8月1日の天気図** 南高北低の気圧配置。東京では最高気温が35℃をこえ、この年最初の猛暑日になった。

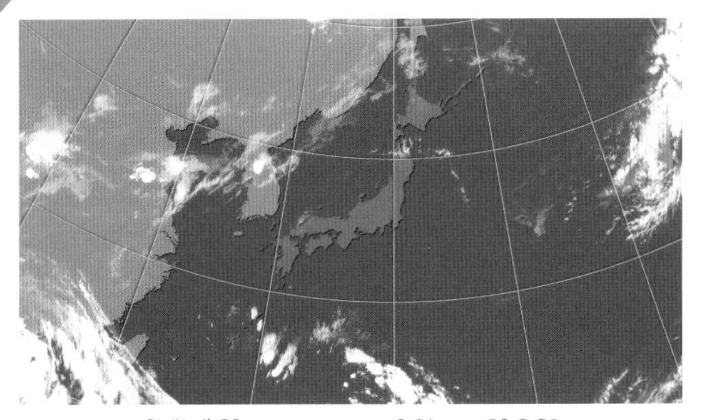

▲**同じ日の衛星画像** 日本列島の付近は、高気圧におおわれてほとんど雲がかかっていない。 （提供・ウェザーマップ）

天気のことば 夏の天気のことば

- 南風（みなみかぜ）…………南からふいてくるあたたかくてしめった風。「はえ」ともいう。
- 白南風（しらはえ）………梅雨明けのころにふく南風。梅雨入りのころにふく南風を黒南風という。
- 喜雨（きう）…………日照りが長くつづいたあとにふる、めぐみの雨。
- 夏嵐（なつあらし）…………台風などが近づいてきたときに、木ぎをゆらしながらふく強い風。
- 雲の峰（くものみね）………もくもくと高くそびえる山のように大きな雲で、積乱雲のことをいう。
- 油照り（あぶらでり）………うすぐもりで風がほとんどなく、むし暑い天気のこと。
- 薄暑（はくしょ）…………初夏のころの、うっすらとあせばむくらいの暑さ。
- 炎暑（えんしょ）…………真夏のきびしい暑さ。

▲雲の峰。

夏はこんな天気に気をつけよう

夕立

▲夕立の空　2018年8月13日15時30分の千葉県柏市から見た夕立がやってくる空のようす。

夕立は、夏の日の午後にふるはげしい雨で、かみなりやひょう（直径5mm以上の氷のかたまり）をともなうこともあります。強い日差しによって地表があたためられると、強い上昇気流ができ、積乱雲が発生しておこります。

また、短時間にせまい範囲で強い雨がふることを「局地的大雨」といいます。局地的大雨は、急に発達した大きな積乱雲が雨をふらせることでおこり、道路が水につかるなどの被害が出ることがあります。

●夕立のときの雲のようす

▲上の写真と同じ日の12時と15時30分の衛星画像　晴れていた空に、はげしい雨をふらせる積乱雲（かなとこ雲）が急に発生して発達したのがわかる。積乱雲の上部は氷のつぶでできているので、真っ白に見える。　（提供：ウェザーマップ）

台風

台風は、日本列島のはるか南の海上で発生する熱帯低気圧のうち、最大風速が秒速17.2m以上になったものです。夏から秋にかけて多く発生し、もっとも多いのが8月です。ただし7～8月は、太平洋高気圧（➡7ページ）が西にはりだして日本列島をおおうため、台風は太平洋高気圧の西側をまわるようにすすみ、大陸や朝鮮半島に行くことが多くなります。太平洋高気圧のいきおいが弱まる8月の終わりから9月にかけては、日本列島に接近または上陸することがふえます。

●台風の月別発生数・接近数・上陸数

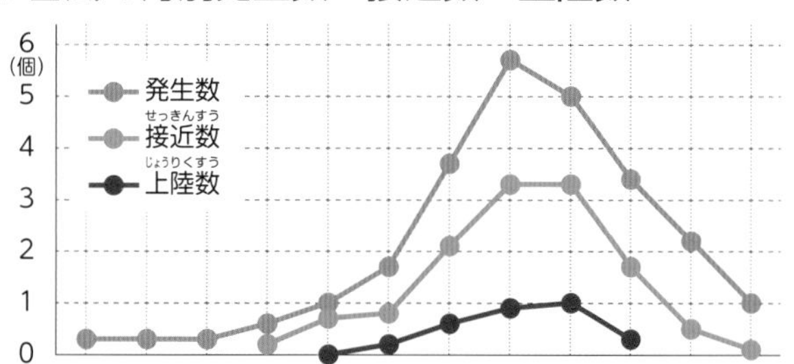

▲海水温があがる夏はとくに多くなる（1991～2020年の平年値）。　（気象庁ホームページのデータをもとに作成）

猛暑

最高気温が35℃以上の日を猛暑日といいます。猛暑になるのは、日本列島が広く太平洋高気圧におおわれたときです。下の天気図のように、高気圧が朝鮮半島にまではりだして、等圧線がクジラの尾びれのような形になることがあります。この天気図を「クジラの尾型」といい、きびしい暑さになります。

猛暑日の天気図

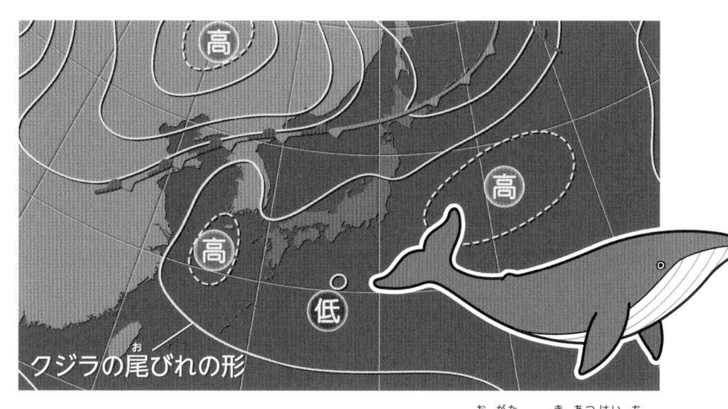

▲**2020年8月20日の天気図**　クジラの尾型の気圧配置。各地で猛暑になり、滋賀県東近江市では39.2℃を記録した。

（提供：ウェザーマップ）

日本の最高気温の記録（2021年12月まで）

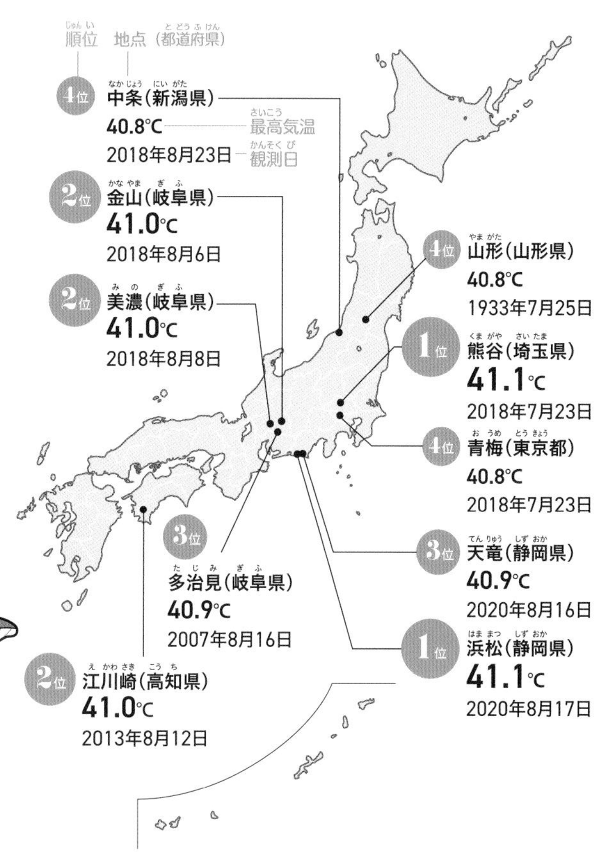

（ランキングは各地点の観測史上１位の値。気象庁ホームページより）

土用波

夏の土用（7月20日から8月6日ごろ）の時期、太平洋に面した海岸に高い波が打ちよせるようになります。この大波を「土用波」といいます。土用波は、日本のはるか南の海上で発生した台風によってひきおこされる大波です。遠くはなれた日本列島の海岸まで、うねりとなってやってくるのです。

▲土用波。

Information **熱中症に注意！**

気温や湿度が高く、日差しが強いときに長時間、外にいたり運動をしたりすると熱中症になりやすい。熱中症は、体内の水分や塩分のバランスがくずれて、体に熱がこもるためにおこる。熱中症になると、めまいや頭痛、はき気を感じ、症状が悪化すれば意識をうしなうこともある。梅雨明けすぐの時期はまだ暑さに体がなれていないので、とくに注意が必要だ。

夏の空を楽しもう

夏を代表する雲といえば、積乱雲でしょう。積雲（わた雲）が強い日差しによってもくもくと大きく発達した雲で、まるみをおびた雲のてっぺんが坊主頭に見えることから、「にゅうどう雲」ともよばれます。天気のよい日は空を見あげて雲を観察してみましょう。

にゅうどう雲　短時間で大きくなり、高さが10km以上になることも多い。雲のいきおいが強いほどでこぼことふくらむ。

天割れ　積乱雲のかげが空にまっすぐのびて、まるで空がわれたように見える現象。日没のころに見られる。

白虹　七色がかさなって白っぽく見える虹で、ふつうの虹よりも太い。霧や霧雨などのとき、太陽と反対側の空にあらわれることがある。

天の川　夜空に長くのびる光の帯。銀河系の星の集まりで、天の川とよばれる。夏から冬にかけて夜のはじめに見えるが、夏の天の川は明るくはっきりしている。

流星　地球に落ちてきた宇宙の小さなちりが、空気にぶつかってできる光の現象で、月明かりのない夏、空がすんだ山や高原、海辺などで見つけやすい。

大夕焼け　太陽がしずむとき、西の空がだいだい色にそまることを夕焼けという。夕焼けは一年中見られるが、とくに夏は色あざやかな夕焼けを見ることができる。

ブルーモーメント　空一面がこい青色にそまる現象で、よく晴れた日の日没後にわずかな時間だけ見ることができる。ちょうど花火大会の始まる時刻にかさなることも多い。

夏のたよりを見つけよう

　夏の晴れた日の朝や夕方、山の上で太陽を背にして立ち、雲や霧に自分のかげをうつすと、大きくうつしだされたかげのまわりに虹色の輪ができることがあります。このふしぎな現象は「ブロッケン現象」とよばれるもので、太陽の光が雲や霧をつくる水滴にあたっておこります。

　夏のおとずれを知らせてくれるものには、ほかにもいろいろあります。住んでいる地域の夏のたよりをしらべてみましょう。

ブロッケン現象　ドイツのブロッケン山でよく見られたことから、この名前がついた。日本では、阿弥陀如来が背にする光にたとえて「御来迎」ともいわれる。

雲海　高い山や飛行機から見おろしたとき、雲が海のようにひろがって見えるようす。雲海をつくるのは、空のひくいところにできる層雲（きり雲）や層積雲（うね雲）で、冷えた朝にできやすい。

夏の季節風の雲　しめった夏の季節風にのってやってきた積雲（わた雲）は、形をかえながら、つぎつぎとひくい空を動いていく。

Let's Try! セミの初鳴日をしらべよう

季節のうつりかわりは、生きものの活動からも知ることができる。夏になると、数年間もの長いあいだ土の中ですごしてきたセミの幼虫が、土からはいだして羽化し、いっせいに鳴きはじめる。セミの鳴き声がはじめて聞かれた日を初鳴日という。

公園などでよく見られるアブラゼミは、早いところでは、6月下旬に鳴きはじめるが、全国で聞かれるようになるのは梅雨が明ける7月の末ごろ。サクラ前線と同じように、セミの初鳴日も地域によってちがいがある。住んでいる地域のセミの初鳴日をしらべてみよう。

●セミの種類と鳴き声

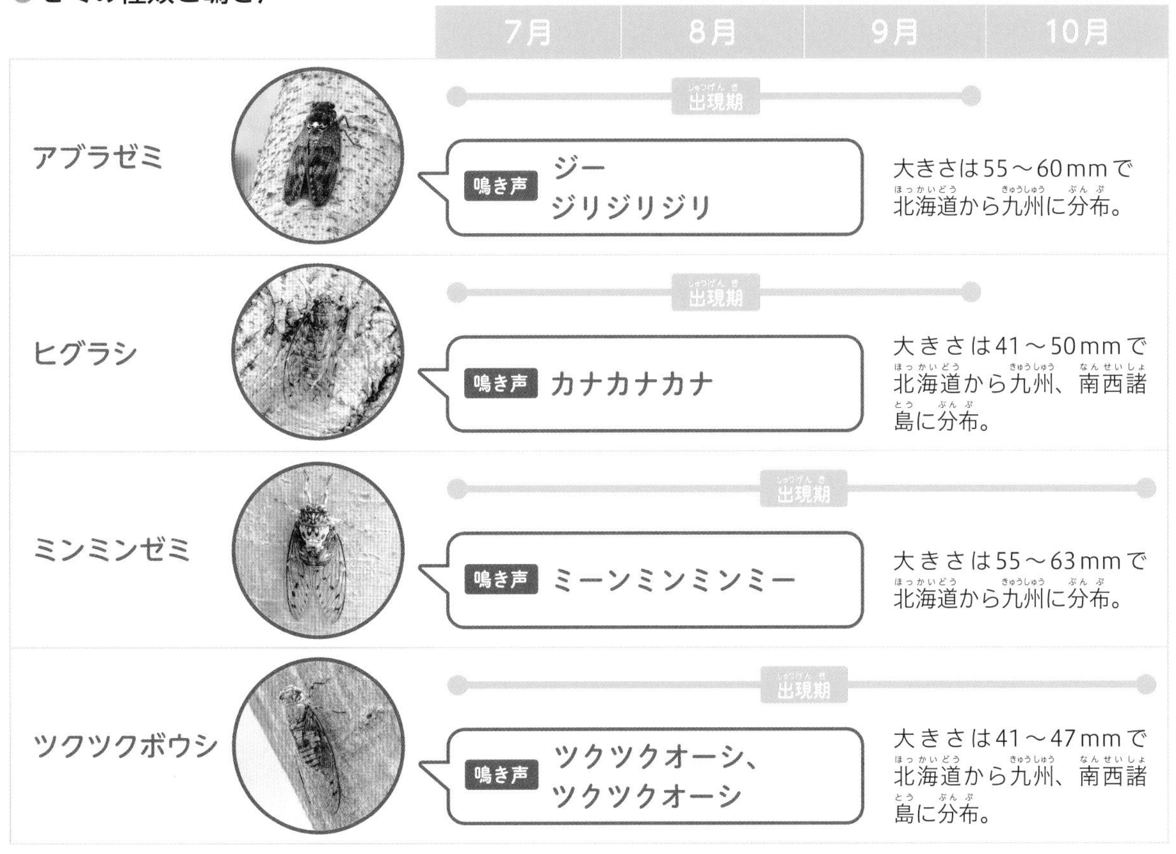

種類	鳴き声	大きさ・分布
アブラゼミ	ジー ジリジリジリ	大きさは55～60mmで北海道から九州に分布。
ヒグラシ	カナカナカナカナ	大きさは41～50mmで北海道から九州、南西諸島に分布。
ミンミンゼミ	ミーンミンミンミー	大きさは55～63mmで北海道から九州に分布。
ツクツクボウシ	ツクツクオーシ、ツクツクオーシ	大きさは41～47mmで北海道から九州、南西諸島に分布。

Let's Try! 身近な夏をさがしてみよう

強い日差しが照りつける夏は、木ぎの葉はあおあおとしげり、ヒマワリやアサガオ、バラ、サルスベリなどが花をさかせる。草木のまわりでは、カブトムシやクワガタ、アゲハチョウ、トンボ、バッタなどいろいろな昆虫が活発に動きまわる。水辺では、ホタルが光りながら飛びかう。住んでいる地域では、夏にはどんな植物や生きものが見られるだろう。さがしてみよう。

▶夏によく見られるシオカラトンボ。

4章 秋の天気

秋の空とコスモスの花。

秋の代表的な天気

秋のはじめには、梅雨のような天気がつづきます。夏をもたらしていた小笠原気団（太平洋高気圧➡7ページ）と、大陸からやってくる揚子江気団（移動性高気圧）がぶつかりあい、停滞前線（➡1巻27ページ）が発生するためです。この前線を「秋雨前線」といいます。

秋雨前線による長雨がつづいたあとは、西から移動性高気圧と低気圧が交互にやってきて、天気がかわりやすくなります。やがて秋が深まると、大きな帯状の高気圧におおわれ晴天がつづくようになります。空気が乾燥して、高くすみきった青空がひろがります。

この時期は、昼間は晴れて気温があがりますが、夜や朝は放射冷却（右の図）によって冷え、一日の気温の差が大きくなります。

●放射冷却のしくみ

夜間に雲がないとき

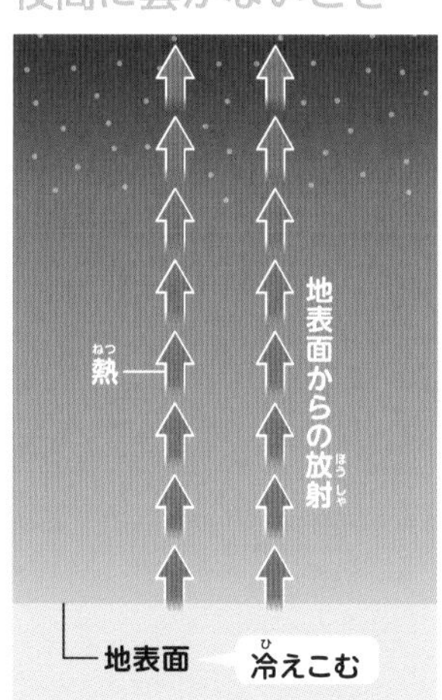

▲夜間に雲がないときは、昼間にたくわえられた地表面の熱が地球の外へ放射される。そのため、地表面が冷えこんで気温がさがる。

夜間に雲があるとき

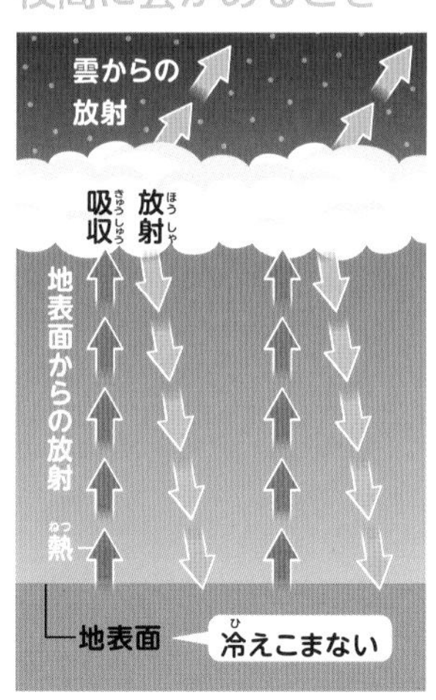

▲夜間に雲が多いと、地表面からの熱を雲が吸収してふたたび放射する。放射した熱で地表面があたためられるので、気温はあまりさがらない。

秋の長雨

▲**2020年9月17日の天気図**　秋雨前線が本州付近に停滞し、西日本の各地ではげしい雨になった。

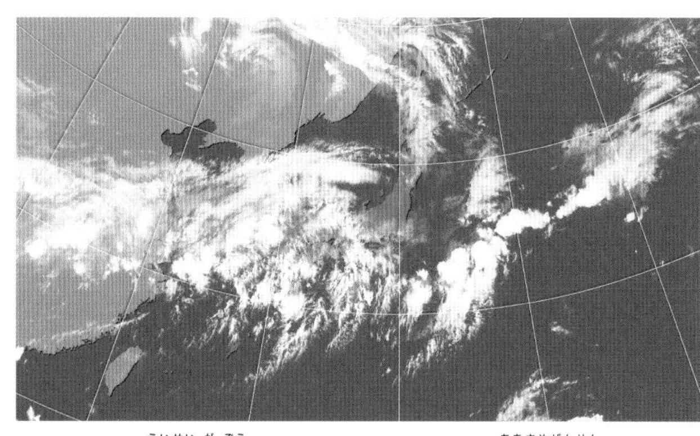

▲**同じ日の衛星画像**　日本列島の上空には秋雨前線による雨雲がひろがる。とくに九州から近畿地方で雲が発達している。

秋晴れ

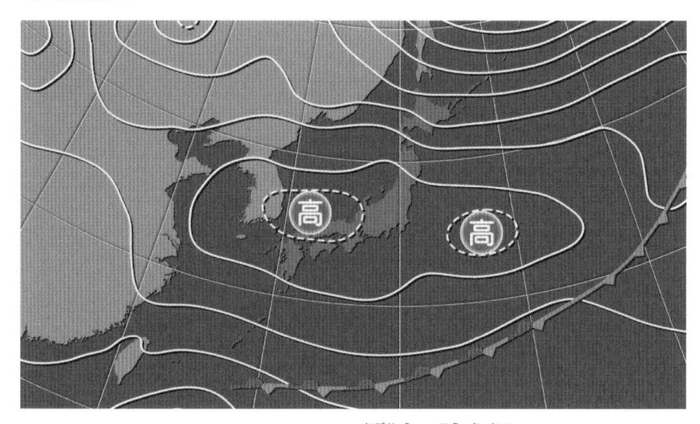

▲**2020年11月5日の天気図**　帯状の高気圧におおわれ、広い範囲でさわやかな晴天になった。

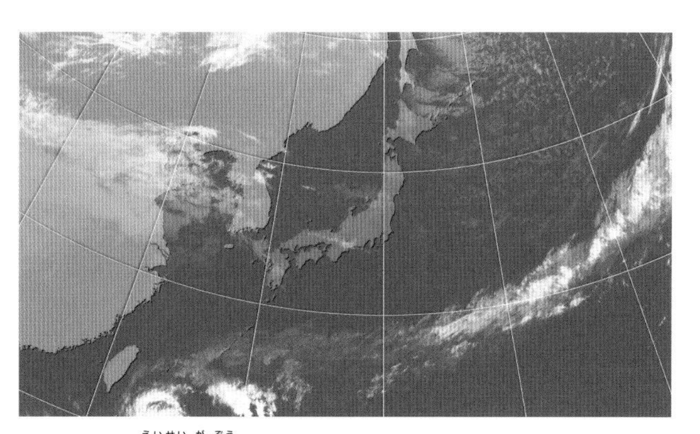

▲**同じ日の衛星画像**　日本列島の上空には雲がほとんどない。朝は放射冷却によって冷え、山梨県甲府市で初氷が観測された。

（提供：ウェザーマップ）

天気のことば　秋の天気のことば

- 秋晴れ……… 晴れて青くすんだ空がひろがること。一片の雲もない快晴を日本晴れという。
- 秋高し……… 空気がすんで空が高く感じられること。天高しともいう。
- 秋風立つ … 秋風がふきはじめること。
- 雁わたし … 雁（わたり鳥のガン）がわたってくるころにふく北風。
- 秋ぐもり … どんよりとした秋のくもり空のこと。
- 夜長………… 夜が長いこと。秋が深まると昼よりも夜のほうが長くなること。
- 野分………… 野の草を分けるようにしてふく強い風。とくに台風のことをいう。
- 二百十日 … 立春（2月4日ごろ）から数えて210日目の9月1日ごろ。イネが開花する時期にあたり、台風にそなえて、注意をうながすために暦に記された。

▲秋晴れ。

秋雨前線と台風21号による大雨により、住宅地が浸水した和歌山県紀の川市。（提供：朝日新聞社／Cynet Photo）

秋はこんな天気に気をつけよう

台風と秋の長雨

秋になって太平洋高気圧が弱まると、台風が東よりの進路をとるようになり、日本に接近し、上陸することが多くなります。秋雨前線が停滞しているときに台風がやってくると、秋雨前線にむかってあたたかくてしめった空気が流れて、秋雨前線の活動が活発になり、広い範囲で大雨がふりやすくなります。

2017年10月には、超大型で勢力の強い台風21号が静岡県に上陸しました。このとき、本州の南には秋雨前線が停滞していて、台風の接近、上陸によって九州から東北地方にかけて大雨となりました。

近畿地方や東海地方では河川のはんらんや土砂くずれが発生し、死者や行方不明者が出ました。

台風と秋雨前線がある天気図

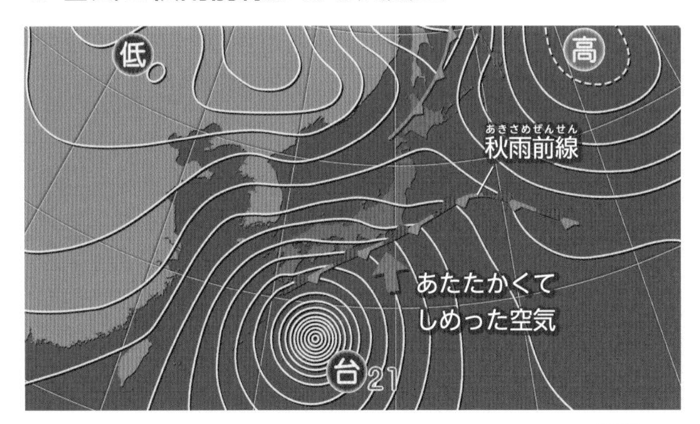

2017年10月22日の天気図　南から台風21号が接近し、広い範囲で大雨がふった。

同じ日の衛星画像　秋雨前線の北側に、台風のしっぽのような雲がつらなっている。　（提供：ウェザーマップ）

たつまき

たつまきは、発達した積乱雲から生まれる強力な風のうずです。積乱雲の底から、「ろうと雲」とよばれる、ろうと状の雲がのびてきて土や砂をまきあげ、建物をこわしたり自動車や列車をふきとばしたりします。季節を問わず発生しますが、とくに台風シーズンの9月ごろに多くなります。

▲**海上で発生したたつまき**　ろうと雲がのびている。

木枯らし1号

木枯らしは、秋から冬にかわるころにふく、つめたくて強い北風です。その年はじめてふく木枯らしを「木枯らし1号」といいます。東京の場合、10月なかばから11月末までのあいだに「西高東低の冬型の気圧配置」になり、最大風速が秒速8m以上の北よりの風がふいたときに、気象庁から木枯らし1号が発表されます。木枯らしがふくと、冬はもうすぐです。

▲**木枯らし**　木の葉をちらすような風のこと。木の葉が落ちたあとの真冬は、強風がふいても木枯らしとはいわない。

●**東京に木枯らし1号がふいた日の天気図**

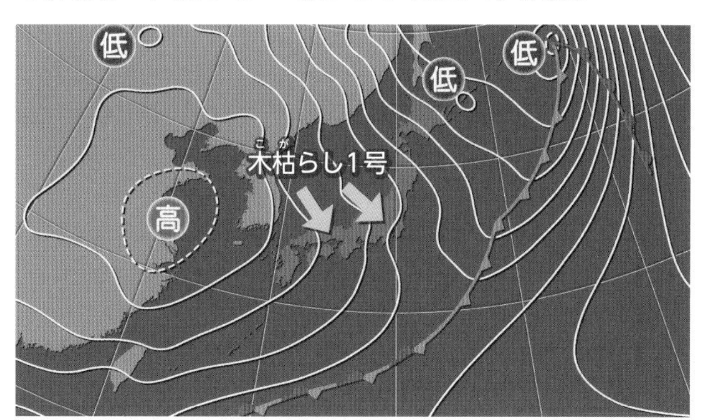

▲**2020年11月4日の天気図**　西に高気圧、東に低気圧がある西高東低の気圧配置。等圧線の間隔がせまいほど強い風がふいている。

（提供：ウェザーマップ）

Information　梅雨と秋雨の降水量

西日本では梅雨の時期に降水量が多くなるが、北日本や東日本では、秋雨前線が停滞する秋のほうが降水量が多い。この時期は、台風が接近して秋雨前線の活動が活発になることもある。たとえば東京では、9月から11月の3か月間で、年間降水量のおよそ3分の1にあたる550mm以上の雨がふる。

●**梅雨の時期と秋雨の時期の降水量**（1991～2020年の平年値）

（気象庁ホームページのデータをもとに作成）

秋の空を楽しもう

秋が近づくと、夏の雲と秋の雲がまじって見られるようになります。ふたつの季節の空もようが行きあうことから「行き合いの空」とよびます。秋を代表する巻積雲（うろこ雲）や高積雲（ひつじ雲）は、空の高いところにうかぶ雲で、彩雲になることもあります。

行き合いの空　空の高いところに秋を代表する雲、下のほうに夏を代表する雲が見える。

腹巻雲　富士山が層積雲（うね雲）にかこまれている状態で、まるで腹巻をしているように見えることから、この名前がついた。

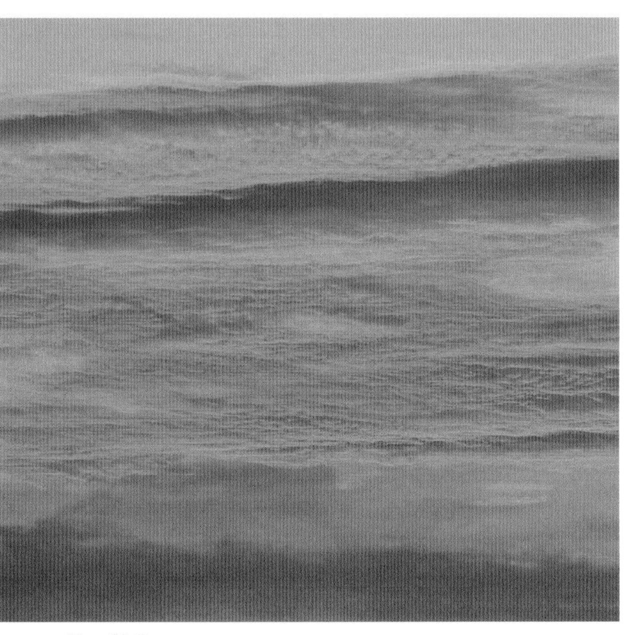

うろこ雲の夕焼け　夕日は雲の下からあたるので、ぼこぼことした雲の下のほうの形がよくわかる。

偏西風に流される雲　偏西風の強い流れ（ジェット気流）があると、巻雲（すじ雲）や巻積雲（うろこ雲）がつらなって流れていく。

月の彩雲　月のまわりに、巻積雲（うろこ雲）や高積雲（ひつじ雲）などのうすい雲がひろがったときに見られる。月のまわりの雲が色づいて彩雲になる。

時雨虹　秋の終わりから冬のはじめ、時雨（ぱらぱらとふったりやんだりする雨）がふったときに出る虹のこと。日本海側で見られることが多い。

空気がすんでいる
秋は、
月がひときわ明るく
見えるよ。

満月　旧暦8月15日（現在の9月中旬～10月はじめ）を中秋、中秋の夜にかかる月を中秋の名月とよび、ススキや団子をそなえて月見をする習慣がある。

秋のたよりを見つけよう

9月もなかばをすぎると、富士山のような高い山から初冠雪のたよりがとどきます。初冠雪とは、山頂に雪がつもっていることが、ふもとの気象台からはじめて観測された日をいいます。日本列島でいちばん早い初冠雪は、北海道の旭岳の9月25日（平年値）です。富士山は10月2日（平年値）です。

秋のおとずれを知らせてくれるものには、ほかにもいろいろあります。住んでいる地域の秋のたよりをしらべてみましょう。

きみの住む町から見える大きな山の初冠雪をしらべてみよう。観測には、山頂がはっきり見える朝がおすすめだよ。

2020年の富士山の初冠雪
例年より2日早く山頂付近が白くなった。

だるま太陽　水平線からのぼる太陽が、だるまのような形にゆがんで見える現象。しんきろうの一種で、あたたかい海の上にそれよりもつめたい空気が流れこんだときにあらわれる。太陽が水平線にしずむときにも見られることがある。

霧　内陸の盆地では、秋から冬にかけて霧が発生しやすくなる。夜から朝にかけて晴れて風が弱いとき、地表付近のしめった空気が放射冷却によって霧になったもので、放射霧とよばれる。愛媛県大洲市を流れる肱川の河口では、上流の大洲盆地で発生した霧が川を流れくだる「肱川あらし」が見られる。

Let's Try! カエデの紅葉日、イチョウの黄葉日をしらべよう

10月から12月にかけて、カエデの葉が赤く色づく。紅葉は、日最低気温が8℃以下になると始まるとされてる。昼と夜の気温の差が大きいほどあざやかになるという。気象庁では、全国の気象台が定めた標本木を観測して、大部分の葉の色が紅葉した最初の日を「紅葉日」として発表している。イロハカエデを標本木としているが、イロハカエデが育たない地域では、ヤマモミジやイタヤカエデを観測している。

また、地図上で紅葉日が同じ場所をむすんだ線を「紅葉前線」という。紅葉前線は、春のサクラ前線とは逆に北海道から始まり、日本列島を南にくだって12月中ごろには九州南部に達する。住んでいる地域の紅葉日をしらべてみよう。

イチョウの葉が黄色く色づくことを「黄葉」というよ。毎年、黄葉日も発表されるよ。きみの住む町にあるイチョウを観察して黄葉日をしらべてみよう。

●**カエデの紅葉前線**（1991～2020年の平年値）

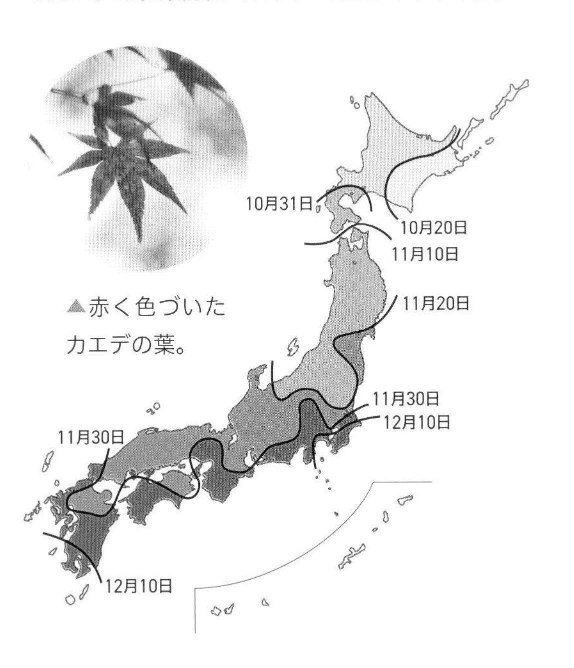

▲赤く色づいたカエデの葉。

●**イチョウの黄葉前線**（1991～2020年の平年値）

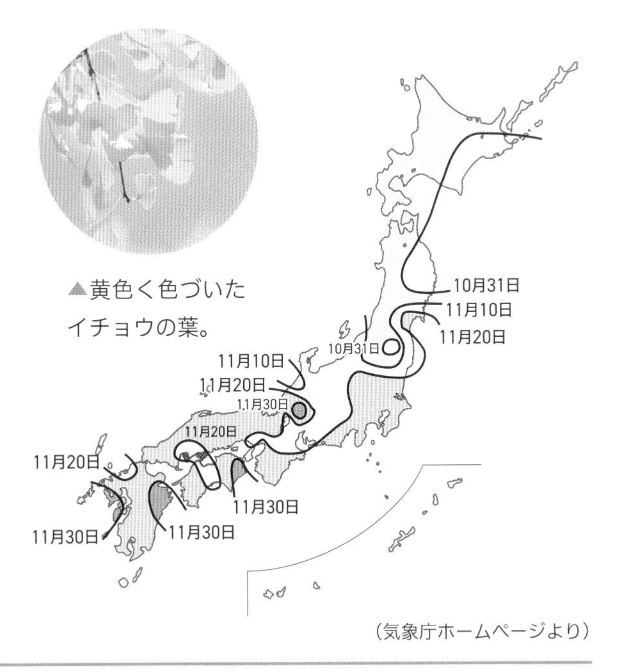

▲黄色く色づいたイチョウの葉。

（気象庁ホームページより）

Let's Try! 身近な秋をさがしてみよう

秋も深まると、カエデやイチョウのほかにもいろいろな木の葉が赤や黄色に色づく。野山ではコスモスやケイトウ、ヒガンバナ、キキョウ、ハギなどが花をさかせ、カキやクリなどが実をつける。クヌギやコナラの木の下では、ドングリが見つかるようになる。夜には、コオロギやスズムシ、マツムシなどの美しい鳴き声が聞かれるようになる。住んでいる地域では、どんな植物や生きものが見られるだろう。さがしてみよう。

▼ドングリ。

5章 冬の天気

▲よく晴れた太平洋側の冬の空。

▲雪雲におおわれた日本海側の冬の空。

冬の代表的な天気

　冬になると、大陸からつめたくてかわいたシベリア気団（シベリア高気圧➡7ページ）が日本の上空にはりだしてきます。そして、右ページ上の天気図のような、西に高気圧、東に低気圧がある「西高東低」の気圧配置になります。西高東低になると、高気圧から低気圧にむけて北西のつめたい風（冬の季節風）がふいてきて寒くなります。

　このとき、日本海上では、海水が蒸発してできた水蒸気が、季節風で冷やされてつぎつぎと雲（積雲）ができます。積雲は本州の中央にある山脈にぶつかると上昇気流が発生して積乱雲になり、日本海側に大雪をふらせます。雪をふらせた雲は、山脈をこえるころには消えてしまい、乾燥した風となってふきおろします。これを「空っ風」といい、太平洋側では乾燥した晴天になります。

● 寒い日の名前

冬日	最低気温が0℃未満の日。
真冬日	最高気温が0℃未満の日。

● 冬日・真冬日の年間日数（1991～2020年の平年値）

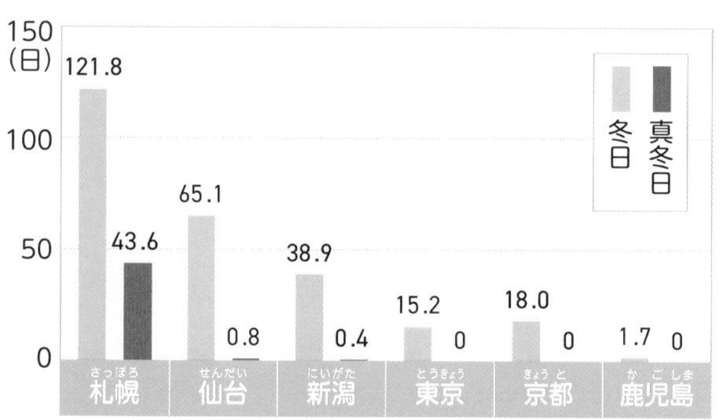

▲関東地方や西日本は、真冬日になることはほとんどない。

（気象庁ホームページのデータをもとに作成）

●日本海側で雪がふった日

▲**2018年12月30日の天気図**　西高東低の冬を代表する気圧配置。南北の向きにならんだ等圧線の間隔がせまいほど北風が強い。日本海側は雪、太平洋側は晴れたところが多かった。

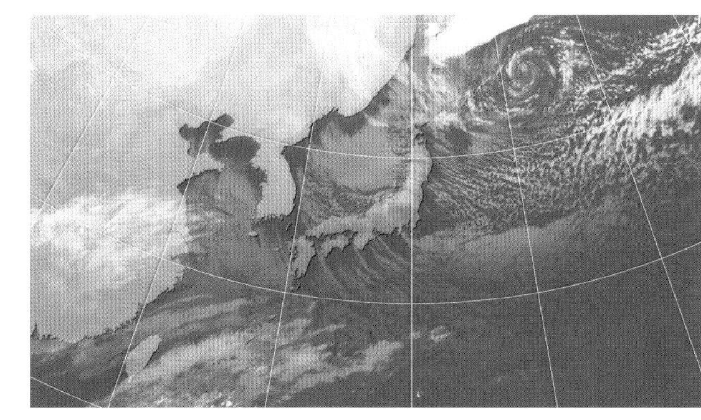

▲**同じ日の衛星画像**　日本海側に季節風によるすじ状の雲があるが、太平洋側には雲がほとんどない。

●小春日和

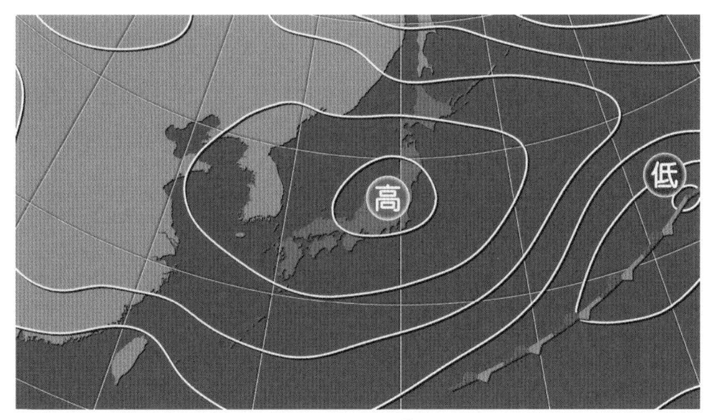

▲**2015年12月9日の天気図**　移動性高気圧におおわれて、全国的に晴れてあたたかな陽気になった。

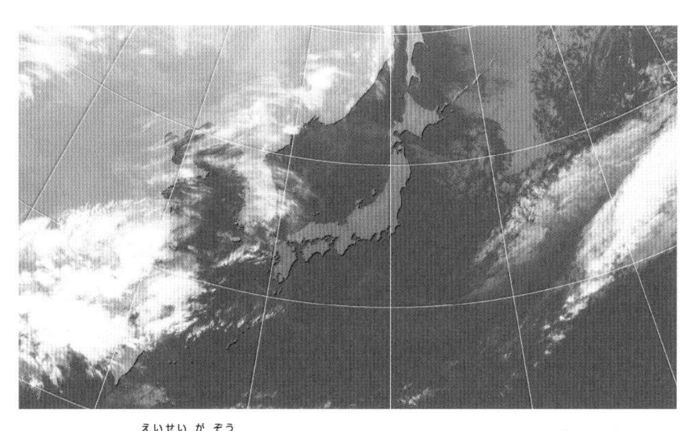

▲**同じ日の衛星画像**　日本列島の上空にはほとんど雲がなく、晴れている。

（提供：ウェザーマップ）

天気のことば

冬の天気のことば

小春日和 …冬のはじめ、一時的に寒さがやわらいで春のようにぽかぽかとあたたかくなること。

冬将軍………シベリア気団によってもたらされる冬のきびしい寒さを擬人化して表現したことば。フランスの皇帝ナポレオンが、寒さと雪のせいで戦いにやぶれたことに由来する。

寒波…………大陸からつめたい空気が流れてきて気温が急激にさがり、きびしい寒さになること。日本海側では大雪になる。

雪起こし …冬の日本海側で、雪がふりだす前に鳴るかみなり。

時雨…………冬のはじめに、ぱらぱらとふったりやんだりする雨。雪がまじると雪時雨という。

▲波の花。

風花…………雪が強い風に飛ばされて、晴れた冬の空からひらひらとまいおちてくること。

波の花………冬の海岸で、岩にはげしく打ちよせた波が、くだけちって白いあわのようになること。

三寒四温 …春が近づくころ、寒い日が3日つづき、そのあと4日くらいあたたかい日がつづくこと。

冬はこんな天気に気をつけよう

豪雪

大雪がふって交通機関がみだれたり、農作物に大きな被害をあたえたりすることがあります。そのような雪を「豪雪」といいます。

2018年2月、寒気の影響で日本海側を中心に雪がふりました。とくに北陸地方で大雪となり、福井県福井市では140cmをこえる積雪を観測しました。この大雪で北陸自動車道などが通行止めになり、坂井市からあわら市にかけての国道8号で約1500台の車が立ち往生しました。このため、物流がとどこおり、人びとの生活に大きな影響が出ました。

▲**国道8号で立ち往生した車の列**　約1500台もの車が動けないままの状態が2月6日から9日までつづいた。

（提供：朝日新聞社／Cynet Photo）

●豪雪になった日の天気図

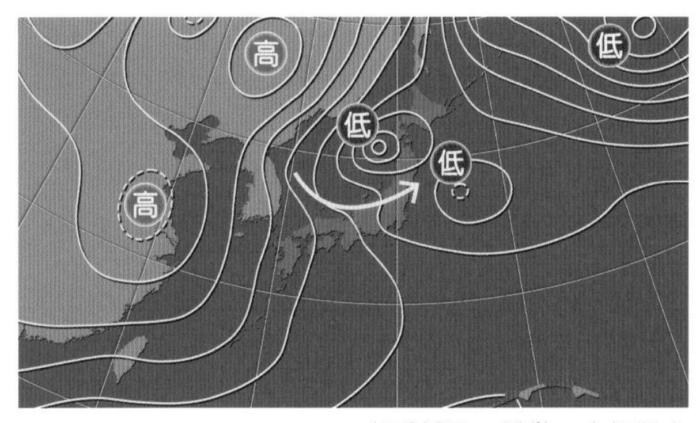

▲**2018年2月6日の天気図**　西高東低の冬型の気圧配置で、日本海に低気圧があると、等圧線がまがり、矢印のような風がふいて活発な雪雲の帯ができ、北陸地方などの平野に大雪をふらせる。

◀**2018年2月6日の衛星画像**　発達した雪雲の帯が日本海側から平地に流れこんでいる。日本海上はすじ状の雲でおおわれている。

（提供：ウェザーマップ）

急速に発達する低気圧

●急速に発達する低気圧

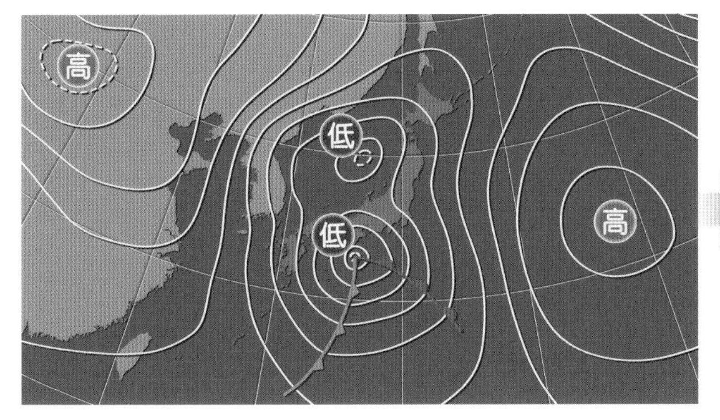

▲**2021年2月15日と2月16日の天気図** 低気圧が発達しながら本州付近を北上した。15日午前9時には990hPa（ヘクトパスカル）だった中心の気圧は、16日には946hPaまでさがり、北日本で暴風雪になった。 （提供：ウェザーマップ）

季節のかわり目には、日本海を移動する低気圧が短い期間で急速に発達することがあります。このような低気圧を「急速に発達する低気圧（爆弾低気圧）」といいます。冬に爆弾低気圧ができると、天気があれて猛吹雪になります。

南岸低気圧

2月ごろには「西高東低の冬型の気圧配置」が弱まり、東シナ海から低気圧がやってきて、日本列島の南岸をすすみます。この低気圧を「南岸低気圧」といいます。南岸低気圧によって、太平洋側で大雪がふることがあります。

2014年2月のはじめ、関東地方の南岸を低気圧が発達しながら通過し、関東・甲信越地方で大雪がふりました。東京の都心で27cm、千葉県千葉市で33cm、埼玉県熊谷市では43cmの雪がつもりました。

●南岸低気圧が近づいた日の天気図

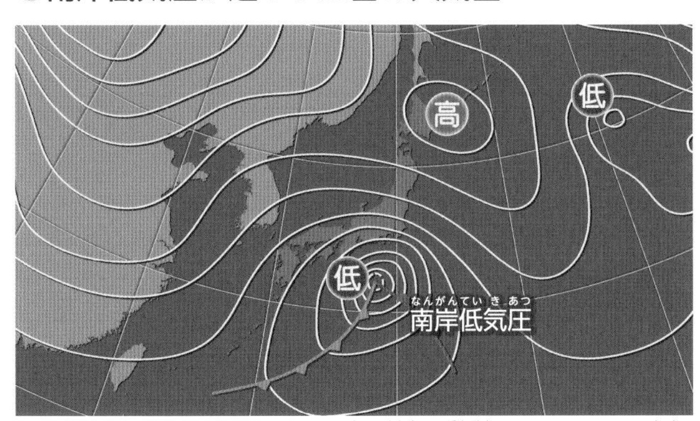

▲**2014年2月8日の天気図** 四国沖に前線をともなう低気圧があり、本州南岸を東にすすんだ。 （提供：ウェザーマップ）

▶**2014年2月8日、大雪にみまわれた東京のJR渋谷駅前** 東京では1969年以来45年ぶりの大雪になった。（提供：朝日新聞社／Cynet Photo）

▶**2014年2月8日、雪をかぶった山梨県甲府市の武田信玄の像** 甲府では43cmの積雪を観測した。 （提供：朝日新聞社／Cynet Photo）

冬の空を楽しもう

冬は、空気中に水蒸気やちりが少なく、空が、すんで見えます。そんな冬の空には、太陽の光が屈折(光がおれまがってすすむこと)したり、反射（光がものにあたってはねかえること）したりして、幻想的な光景があらわれやすくなります。

浮島現象　遠くの島や船などがうきあがって見える現象。あたたかい海の上につめたい空気があるとき、遠くの風景の光が屈折することでおこる。海水温と気温の温度差が大きいほど、はっきり見える。

幻日　太陽から少しはなれたところにあらわれる、もうひとつの太陽のような光。巻雲(すじ雲)などのうすい雲がひろがったとき、太陽の光が雲の中の氷のつぶで屈折してできる。太陽の両側にできる場合と、片側だけにできる場合がある。

ダイヤモンドダスト　空気中の水蒸気が冷やされて小さな氷のつぶになり、ふりそそぐ現象。気温が −10℃以下の寒い地域で見ることができる。太陽の光に照らされて、きらきらとかがやいて見えることから、この名前がついた。「ダスト」は、ちりやほこりの意味。

地球影とビーナスベルト　地球影はその名前のとおり、地球のかげが空にうつる現象。日の出前や日没直後に太陽と反対側の空にあらわれる。地球影のすぐ上に見えるピンク色の光の帯は、太陽の光が雲よりも高い空にあたったもので、ビーナスベルト（ビーナスの帯）とよばれる。

サンピラー　日の出や日没のとき、太陽から光が柱のように長くのびる現象で、「太陽柱」ともよばれる。空気中の氷のつぶに太陽の光が反射してできる。

雪雲　名前のとおり、雪をふらせる雲で、気温がひくい日に見られる。雲の輪郭がぼやけているのは、雪の結晶が空をまっているためだ。

彩雲　雲がピンクや黄色、緑などに色づいて見える現象。うすくひろがる巻積雲（うろこ雲）や高積雲（ひつじ雲）などにできやすい。空気がすんだ冬は、色あざやかな彩雲が見られることが多い。

断片雲　強い北風できれぎれになった小さな雲で、冬の晴れた空にうかんでいることが多い。

断片雲は、ひらひらと飛ぶチョウのようなので、ちょうちょう雲ともよばれるよ。

冬のたよりを見つけよう

　寒さがきびしい冬の朝、海や湖、川の水面から、ゆげのようなものが立ちのぼっていることがあります。これは「けあらし（気嵐）」とよばれる現象です。海や川のあたたかい水面につめたい空気が流れこむと、蒸発した水蒸気が冷やされて、ひくいところに霧が発生することでおこります。

　冬のおとずれを知らせてくれるものには、ほかにもいろいろあります。住んでいる地域の冬のたよりをしらべてみましょう。

けあらし　水面のあたたかい空気とつめたい空気の温度差が大きいほど、霧がこくなる。けあらしは、太陽がのぼって気温があがると消えてしまう。

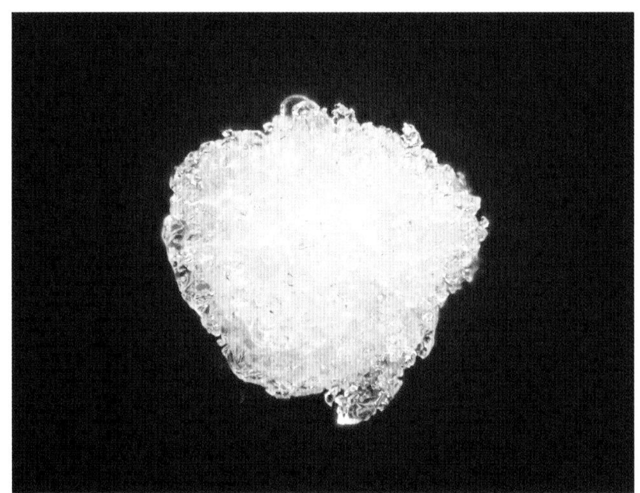

雪あられ　雪の結晶に雲の中の水滴がこおりついたもので、直径は2～5mm。気温が0℃に近いとき、雪といっしょにふることが多い。

北海道沿岸の流氷初日

（1991～2020年の平年値）

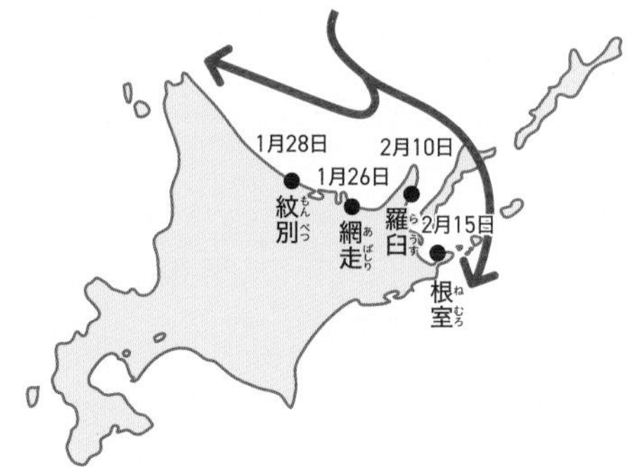

（海氷情報センターホームページより）

流氷　1月下旬ごろ、オホーツク海の西側でうまれた氷が、冬の季節風に流されて北海道沿岸に流れつき、2月ごろには海岸をうめつくすようになる。北海道は、世界でもっともひくい緯度で流氷を見ることができる場所として知られ、気象台や市町村などでは、流氷が陸からはじめて見られた日を「流氷初日」として観測している。

Let's Try! 初霜、初氷、初雪をしらべよう

気温がさがって寒さがきびしくなると、霜がおりたり、氷がはったりする日がふえる。霜は、空気中の水蒸気が冷えて氷のつぶになり、地面や草木などについたもので、地表面の温度が0℃以下になったときにできる。その年の秋から冬にかけてはじめておりる霜を初霜、はじめて観測される結氷（氷がはること）を初氷、はじめてふる雪を初雪（みぞれもふくむ）という。

下の表は、日本各地の初霜から終霜（もっともおそい霜）、初氷から終氷（最後に観測される結氷）、初雪から終雪（最後にふる雪）（平年値）までを帯グラフにしたものだ。霜がおりる時期や期間、氷がはる時期や期間、雪がふる時期や期間は、地域によってちがうことがわかる。

●初霜と終霜・初氷と終氷・初雪と終雪（1991～2020年の平年値）

地点	項目	はじめ	日数	おわり
札幌	初霜と終霜	10月25日	184日	4月26日
	初氷と終氷	10月28日	179日	4月24日
	初雪と終雪	11月1日	170日	4月19日
新潟	初霜と終霜	11月27日	125日	3月31日
	初氷と終氷	12月3日	115日	3月27日
	初雪と終雪	11月26日	127日	4月1日
東京	初霜と終霜	12月23日	54日	2月14日
	初氷と終氷	12月24日	72日	3月5日
	初雪と終雪	1月3日	66日	3月9日
長野	初霜と終霜	11月1日	177日	4月26日
	初氷と終氷	11月7日	161日	4月16日
	初雪と終雪	11月18日	142日	4月8日
静岡	初霜と終霜	12月1日	113日	3月23日
	初氷と終氷	12月7日	102日	3月18日
	初雪と終雪	1月6日	38日	2月12日
大阪	初霜と終霜	12月10日	99日	3月18日
	初氷と終氷	12月17日	83日	3月9日
	初雪と終雪	12月26日	73日	3月8日
下関	初霜と終霜	1月11日	45日	2月24日
	初氷と終氷	1月13日	33日	2月14日
	初雪と終雪	12月10日	95日	3月14日
鹿児島	初霜と終霜	12月15日	74日	2月26日
	初氷と終氷	12月15日	72日	2月24日
	初雪と終雪	1月6日	39日	2月13日

（気象庁ホームページのデータをもとに作成）

▲草の葉についた霜。

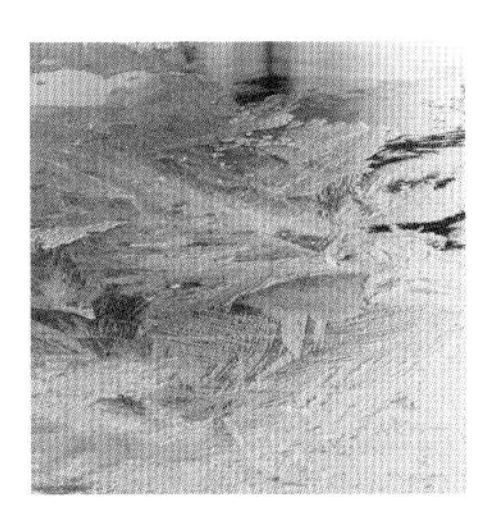
▲道路にはった氷。

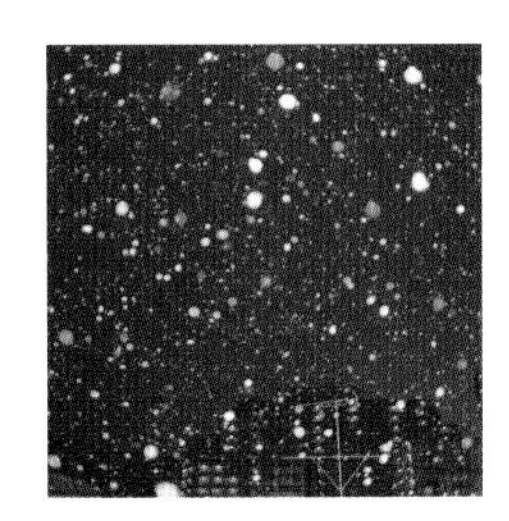
▲都心の初雪。

Let's Try! 身近な冬をさがしてみよう

冬には、サザンカが赤や白の花をさかせ、ナンテンが枝の先に小さな実をつける。すっかり葉を落とした木ぎは、つぎの春に新しい葉や花をつけるため、冬芽をつけて冬をこす。水辺では、カモやガン、ハクチョウなど、北の国からわたってきて日本で冬をこすわたり鳥のすがたが見られるようになる。住んでいる地域では、どんな植物や生きものが見られるだろう。さがしてみよう。

▲日本にわたってくるハクチョウ。

二十四節気

二十四節気は、季節の変化をあらわすことばです。一年を24等分して、植物のようすや生きものの活動、自然現象などをもとに、それぞれの季節にふさわしい名前をつけたもので、中国でつくられ、奈良時代に日本に伝えられました。そのうち、春分、夏至、秋分、冬至などのことばは、現在もよく使われています。

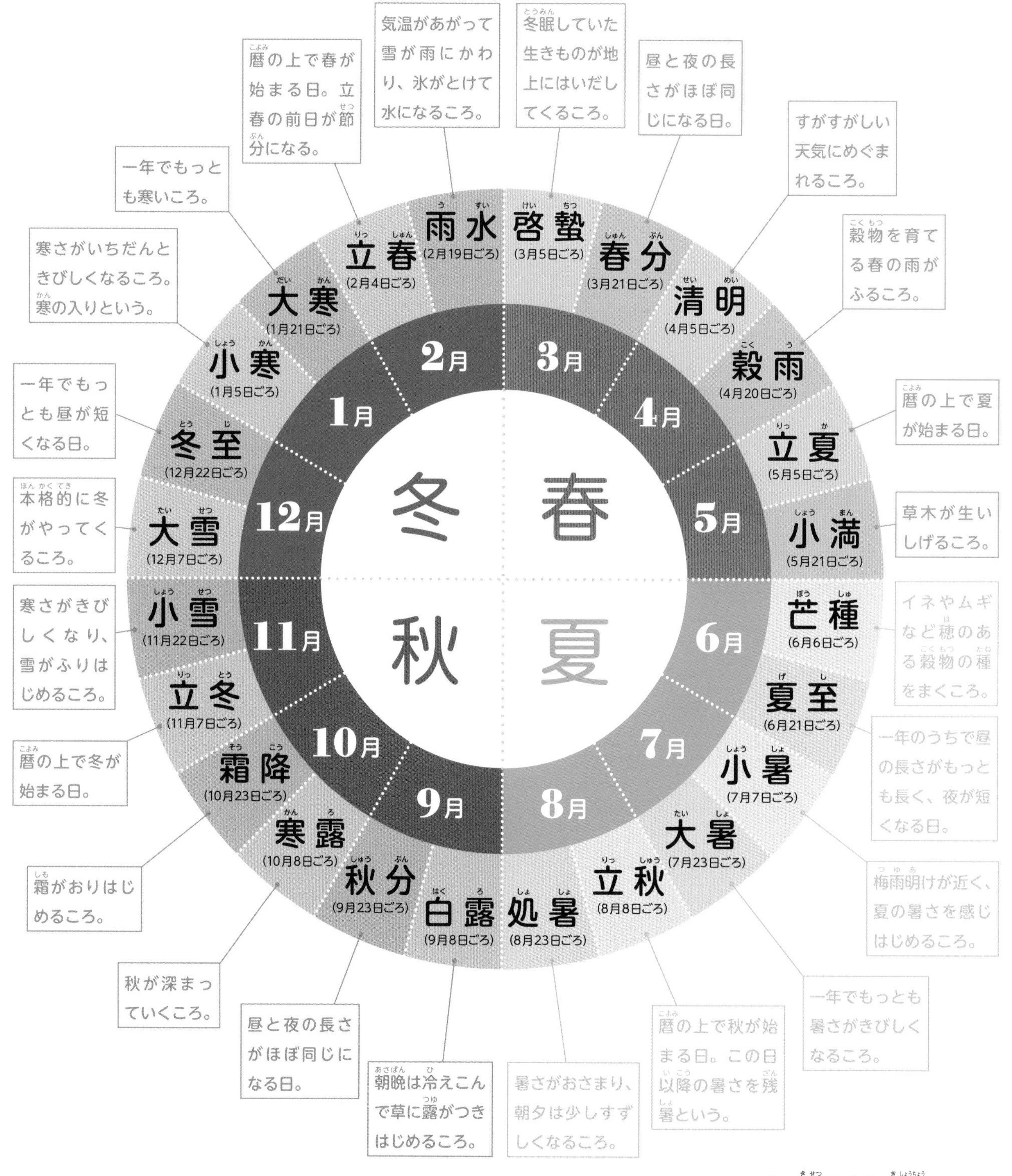

春
夏
秋
冬
1月
2月
3月
4月
5月
6月
7月
8月
9月
10月
11月
12月
立春 (2月4日ごろ)
暦の上で春が始まる日。立春の前日が節分になる。
雨水 (2月19日ごろ)
気温があがって雪が雨にかわり、氷がとけて水になるころ。
啓蟄 (3月5日ごろ)
冬眠していた生きものが地上にはいだしてくるころ。
春分 (3月21日ごろ)
昼と夜の長さがほぼ同じになる日。
清明 (4月5日ごろ)
すがすがしい天気にめぐまれるころ。
穀雨 (4月20日ごろ)
穀物を育てる春の雨がふるころ。
立夏 (5月5日ごろ)
暦の上で夏が始まる日。
小満 (5月21日ごろ)
草木が生いしげるころ。
芒種 (6月6日ごろ)
イネやムギなど穂のある穀物の種をまくころ。
夏至 (6月21日ごろ)
一年のうちで昼の長さがもっとも長く、夜が短くなる日。
小暑 (7月7日ごろ)
梅雨明けが近く、夏の暑さを感じはじめるころ。
大暑 (7月23日ごろ)
一年でもっとも暑さがきびしくなるころ。
立秋 (8月8日ごろ)
暦の上で秋が始まる日。この日以降の暑さを残暑という。
処暑 (8月23日ごろ)
暑さがおさまり、朝夕は少しすずしくなるころ。
白露 (9月8日ごろ)
朝晩は冷えこんで草に露がつきはじめるころ。
秋分 (9月23日ごろ)
昼と夜の長さがほぼ同じになる日。
寒露 (10月8日ごろ)
秋が深まっていくころ。
霜降 (10月23日ごろ)
霜がおりはじめるころ。
立冬 (11月7日ごろ)
暦の上で冬が始まる日。
小雪 (11月22日ごろ)
寒さがきびしくなり、雪がふりはじめるころ。
大雪 (12月7日ごろ)
本格的に冬がやってくるころ。
冬至 (12月22日ごろ)
一年でもっとも昼が短くなる日。
小寒 (1月5日ごろ)
寒さがいちだんときびしくなるころ。寒の入りという。
大寒 (1月21日ごろ)
一年でもっとも寒いころ。

注：季節の区分は、気象庁によるもの。

観天望気

天気予報がなかった時代には、人びとは、空の状況や生きものの活動、自然のようすなどを観察して翌日の天気を予想していました。むかしからいいつたえられてきた天気のことわざを「観天望気」といいます。ここでは有名なものを紹介します。住んでいる地域に伝わる観天望気をしらべてみましょう。

朝虹は雨、夕虹は晴れ

虹は、太陽と反対の空にあらわれる。太陽がのぼる朝、西の空に虹が見られるのは、西側に雨雲があるということ。日本列島では天気は西から東にかわるため、まもなく雨雲がやってくると予想できる。いっぽう、太陽がしずむ夕方、東の空に虹があらわれたときは、雨雲は東に去っているというわけ。

▲朝の空にかかる虹。

夕焼けの翌日は晴れ

夕焼けは、太陽がしずむ西の空にあらわれる。夕焼けになるのは、西の空に雨をふらせるような厚い雲はなく、すみわたっている証拠。日本列島では、偏西風の影響で天気は西から東へかわるため、西側が晴れているということは、翌日は天気がくずれる心配はないというわけ。

▲空を赤くそめる夕焼け。

ひつじ雲がならぶと翌日は雨

ひつじ雲（高積雲）がふえて、雲どうしのすきまがなくなってくるときは、天気は下り坂。雨をふらせる低気圧が接近しているためで、こんな雲を見た翌日は傘を持って出かけたほうがよいだろう。

▲空をおおうひつじ雲（高積雲）。

遠くの音が聞こえると雨

音は温度が高いほど速く伝わりやすくなる。雨をふらせる低気圧がやってくるときは、あたたかい風が入って、上空の温度があがるので、遠くの電車の音などが、空からよく聞こえるようになる。

日がさ月がさは雨のきざし

日がさや月がさは、空の高いところにできる巻層雲（うす雲）が太陽や月をおおったときに見られる。巻層雲は、雨をふらせる低気圧が接近しているときによくあらわれるので、雨が近いというわけ。

朝霧は晴れ

朝に霧が発生するのは、よく晴れた日、放射冷却（➡28ページ）で地面が冷やされたとき。地面が冷えると、空気中の水蒸気が水滴になって霧ができる。夜間に雲がなかったということなので、このあとも晴れやすいというわけ。

ハコベの花がとじると雨

ハコベは、野原や道ばたなどに生える野草で、春の七草のひとつとしても知られる。春から秋にかけて白い小さな花をつけるが、空気中に水分が多くなったり、くもり空で暗くなったりすると、花をとじるとされている。そのため、ハコベの花がとじるときは雨がふりやすいというわけ。

ツバメがひくく飛ぶと雨

ツバメは、空を飛びながら小さな昆虫をとらえて食べる。雨になりそうな日は湿度が高くなるので、昆虫の体がしめって重くなり、空高く飛べなくなる。昆虫がひくく飛ぶので、ツバメもひくいところを飛ぶというわけ。反対にツバメが高く飛ぶのは、湿度がひくく昆虫が高く飛ぶときで、天気はよくなるというわけ。

▲ひくいところを飛ぶツバメ。

さくいん

丸つき数字は巻数，あとの数字はページ数をあらわします。

タ　行

ナ　行

ハ　行

マ　行

ヤ　行

ラ　行

ワ　行

監修

武田康男（たけだ・やすお）

空の探検家、気象予報士、空の写真家。日本気象学会会員。日本自然科学写真協会理事。大学客員教授・非常勤講師。千葉県出身。東北大学理学部地球物理学科卒業。元高校教諭。第50次南極地域観測越冬隊員。主な著書に『空の探検記』（岩崎書店）、『雲と出会える図鑑』（ベレ出版）、『楽しい雪の結晶観察図鑑』（緑書房）などがある。

菊池真以（きくち・まい）

気象予報士、気象キャスター、防災士。茨城県龍ケ崎市出身。慶應義塾大学法学部政治学科卒業。これまでの出演に『NHKニュース7』『NHKおはよう関西』など。著書に『ときめく雲図鑑』（山と溪谷社）、共著に『雲と天気大事典』（あかね書房）などがある。

写真・画像提供

朝日新聞社　ウェザーマップ　菊池真以　武田康男　吉田忠正
Cynet Photo

参考文献

武田康男文・写真『不思議で美しい「空の色彩」図鑑』（PHP研究所）
村田健史・武田康男・菊池真以著『ひまわり8号と地上写真からひと目でわかる 日本の天気と気象図鑑』（誠文堂新光社）
武田康男監修『ポプラディア情報館 天気と気象』（ポプラ社）
岩谷忠幸監修『プロが教える気象・天気図のすべてがわかる本』（ナツメ社）
天気検定協会監修『気象と天気図がわかる本』（メイツ出版）
森田正光監修『散歩が楽しくなる空の手帳』（東京書籍）
気象庁ホームページ

協力　田中千尋（お茶の水女子大学附属小学校教諭）
装丁・本文デザイン　株式会社クラップス（佐藤かおり）
イラスト　本多 翔
校正　栗延 悠

気象予報士と学ぼう！　天気のきほんがわかる本

⑤ 日本列島　季節の天気

発行　2022年4月　第1刷

文　：遠藤喜代子
監　修　：武田康男　菊池真以
発行者　：千葉 均
編　集　：原田哲郎
発行所　：株式会社ポプラ社
〒102-8519　東京都千代田区麹町4-2-6
ホームページ：www.poplar.co.jp（ポプラ社）
kodomottolab.poplar.co.jp（こどもっとラボ）
印刷・製本　：瞬報社写真印刷株式会社

Printed in Japan
ISBN978-4-591-17277-3 / N.D.C. 451/ 47P / 29cm

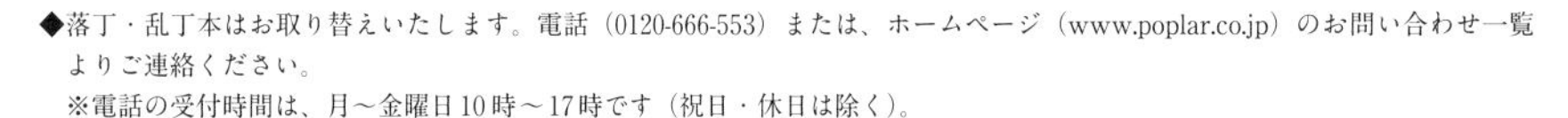

気象予報士と学ぼう！

天気のきほんがわかる本

全6巻

1 天気予報をしてみよう　吉田忠正／文　武田康男・菊池真以／監修

2 雲はかせになろう　遠藤喜代子／文　武田康男・菊池真以／監修

3 雨・雪・氷　なぜできる？　吉田忠正／文　武田康男・菊池真以／監修

4 台風・たつまき　なぜできる？　遠藤喜代子／文　武田康男・菊池真以／監修

5 日本列島　季節の天気　遠藤喜代子／文　武田康男・菊池真以／監修

6 異常気象と地球温暖化　吉田忠正／文　武田康男・菊池真以／監修

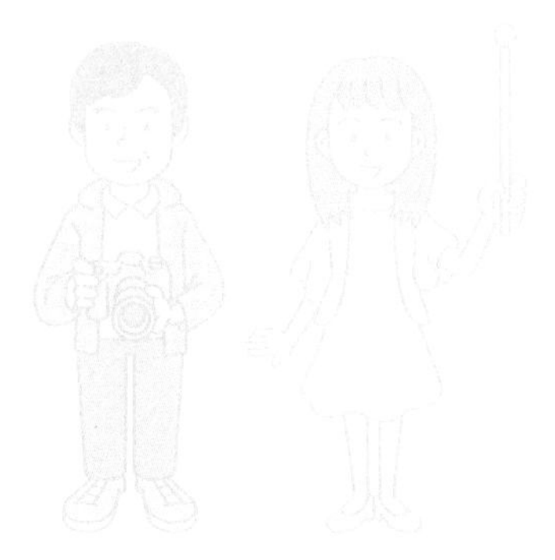

小学中学年～高学年向き

N.D.C.451　各47ページ

A4変型判　オールカラー

図書館用特別堅牢製本図書